高新技术科普丛书（第2辑）　　　主编　姜　胜

沧海有迹可寻宝
——海洋奥秘与海洋开发新技术

广东省出版集团
广东科技出版社
·广州·

图书在版编目（CIP）数据

沧海有迹可寻宝：海洋奥秘与海洋开发新技术／姜胜主编．—广州：广东科技出版社，2013.10（2018.10重印）．（高新技术科普丛书．第2辑）
　ISBN 978-7-5359-6322-2

　Ⅰ．①沧… Ⅱ．①姜… Ⅲ．①海洋学—普及读物
②海洋开发—高技术—普及读物　Ⅳ．① P7-49

中国版本图书馆CIP数据核字（2013）第220078号

责任编辑：罗孝政　尉义明
美术总监：林少娟
版式设计：黄海波（阳光设计工作室）
责任校对：陈素华
责任印制：彭海波

沧海有迹可寻宝
——海洋奥秘与海洋开发新技术

Canghai Youji Kexunbao
——Haiyang Aomi Yu Haiyang Kaifa Xinjishu

出版发行：	广东科技出版社
	（广州市环市东路水荫路11号　邮政编码：510075）
	http://www.gdstp.com.cn
	E-mail：gdkjyxb@gdstp.com.cn（营销中心）
	E-mail：gdkjzbb@gdstp.com.cn（总编办）
经　销：	广东新华发行集团股份有限公司
印　刷：	广州一龙印刷有限公司
	（广州市增城区荔新九路43号1幢自编101房　邮政编码：511340）
规　格：	889mm×1194mm　1/32　印张5　字数120千
版　次：	2013年10月第1版
	2018年10月第2次印刷
定　价：	29.80元

如发现因印装质量问题影响阅读，请与承印厂联系调换。

《高新技术科普丛书》（第2辑）编委会

顾　问：王　东　钟南山　张景中
主　任：马　曙　周兆炎
副主任：吴奇泽　冼炽彬
编　委：汤少明　刘板盛　王甲东　区益善　吴伯衡
　　　　朱延彬　陈继跃　李振坤　姚国成　许家强
　　　　区穗陶　翟　兵　潘敏强　汪华侨　张振弘
　　　　黄颖黔　陈典松　李向阳　陈发传　胡清泉
　　　　林晓燕　冯　广　胡建国　贾槟蔓　邓院昌
　　　　姜　胜　任　山　王永华　顾为望

本套丛书由广州市科技和信息化局、广州市科技进步基金会资助创作和出版

精彩绝伦的广州亚运会开幕式，流光溢彩、美轮美奂的广州灯光夜景，令广州一夜成名，也充分展示了广州在高新技术发展中取得的成就。这种高新科技与艺术的完美结合，在受到世界各国传媒和亚运会来宾的热烈赞扬的同时，也使广州人民倍感自豪，并唤起了公众科技创新的意识和对科技创新的关注。

广州，这座南中国最具活力的现代化城市，诞生了中国第一家免费电子邮局；拥有全国城市中位列第一的网民数量；广州的装备制造、生物医药、电子信息等高新技术产业发展迅猛，将这些高新技术知识普及给公众，以提高公众的科学素养，具有现实和深远的意义，也是我们科学工作者责无旁贷的历史使命。为此，广州市科技和信息化局与广州市科技进步基金会资助推出《高新技术科普丛书》。这又是广州一件有重大意义的科普盛事，这将为人们提供打开科学大门、了解高新技术的"金钥匙"。

丛书内容包括生物医学、电子信息以及新能源、新材料等板块，有《量体裁药不是梦——从基因到个体化用药》《网事真不如烟——互联网的现在与未来》《上天入地觅"新能"——新能源和可再生能源》《探"显"之旅——近代平板显示技术》《七彩霓裳新光源——LED与现代生活》以及关于干细胞、生物导弹、分子诊断、基因药物、软件、物联网、数字家庭、新材料、电动汽车等多方面的图书。以后还要按照高新技术的新发展，继续编创出版新的高新技术科普图书。

我长期从事医学科研和临床医学工作，深深了解生物医学对于今后医学发展的划时代意义，深知医学是与人文科学联系最密切的一门学科。因此，在宣传高新科技知识的同时，要注意与人文思想相结合。传播科学知识，不能视为单纯的自然科学，必须融汇人文科学的知识。这些科普图书正是秉持这样的理念，把人文科学融汇于全书的字里行间，让读者爱不释手。

丛书采用了吸收新闻元素、流行元素并予以创新的写法，充分体现了海纳百川、兼收并蓄的岭南文化特色。并按照当今"读图时代"的理念，加插了大量故事化、生活化的生动活泼的插图，把复杂的科技原理变成浅显易懂的图解，使整套丛书集科学性、通俗性、趣味性、艺术性于一体，美不胜收。

我一向认为，科技知识深奥广博，又与千家万户息息相关。因此科普工作与科研工作一样重要，唯有用科研的精神和态度来对待科普创作，才有可能出精品。用准确生动、深入浅出的形式，把深奥的科技知识和精邃的科学方法向大众传播，使大众读得懂、喜欢读，并有所感悟，这是我本人多年来一直最想做的事情之一。

我欣喜地看到，广东省科普作家协会的专家们与来自广州地区研发单位的作者们一道，在这方面成功地开创了一条科普创作新路。我衷心祝愿广州市的科普工作和科普创作不断取得更大的成就！

中国工程院院士 钟南山

让高新科学技术星火燎原

21世纪第二个十年伊始，广州就迎来喜事连连。广州亚运会成功举办，这是亚洲体育界的盛事；《高新技术科普丛书》面世，这是广州科普界的喜事。

改革开放30多年来，广州在经济、科技、文化等各方面都取得了惊人的飞跃发展，城市面貌也变得越来越美。手机、电脑、互联网、液晶电视大屏幕、风光互补路灯等高新技术产品遍布广州，让广大人民群众的生活变得越来越美好，学习和工作越来越方便；同时，也激发了人们，特别是青少年对科学的向往和对高新技术的好奇心。所有这些都使广州形成了关注科技进步的社会氛围。

然而，如果仅限于以上对高新技术产品的感性认识，那还是远远不够的。广州要在21世纪继续保持和发挥全国领先的作用，最重要的是要培养出在科学领域敢于突破、敢于独创的领军人才，以及在高新技术研究开发领域勇于创新的尖端人才。

那么，怎样才能培养出拔尖的优秀人才呢？我想，著名科学家爱因斯坦在他的"自传"里写的一段话就很有启发意义："在12~16岁的时候，我熟悉了基础数学，包括微积分原理。这时，我幸运地接触到一些书，它们在逻辑严密性方面并不太严格，但是能够简单明了地突出基本思想。"他还明确地点出了其中的一本书：

"我还幸运地从一部卓越的通俗读物（伯恩斯坦的《自然科学通俗读本》）中知道了整个自然领域里的主要成果和方法，这部著作几乎完全局限于定性的叙述，这是一部我聚精会神地阅读了的著作。"——实际上，除了爱因斯坦以外，有许多著名科学家（以至社会科学家、文学家等），也都曾满怀感激地回忆过令他们的人生轨迹指向杰出和伟大的科普图书。

由此可见，广州市科技和信息化局与广州市科技进步基金会，联袂组织奋斗在科研与开发一线的科技人员创作本专业的科普图书，并邀请广东科普作家指导创作，这对广州今后的科技创新和人才培养，是一件具有深远战略意义的大事。

这套丛书的内容涵盖电子信息、新能源、新材料以及生物医学等领域，这些学科及其产业，都是近年来广州重点发展并取得较大成就的高新科技亮点。因此这套丛书不仅将普及科学知识，宣传广州高新技术研究和开发的成就，同时也将激励科技人员去抢占更高的科技制高点，为广州今后的科技、经济、社会全面发展作出更大贡献，并进一步推动广州的科技普及和科普创作事业发展，在全社会营造出有利于科技创新的良好氛围，促进优秀科技人才的茁壮成长，为广州在21世纪再创高科技辉煌打下坚实的基础！

中国科学院院士 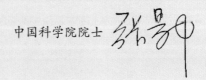

前言

2012年6月24日,让我们永远记住这一天,中国的宇宙飞船"神舟九号"和潜水器"蛟龙号"分别创造了让世人瞩目的佳绩。

这一天,在距地球343千米处,"神舟九号"航天员成功驾驶飞船与"天宫一号"目标飞行器对接,标志着中国成为世界上第三个完整掌握空间交会对接技术的国家。

这一天,我国首台自主设计、自主集成的载人潜水器"蛟龙号"在马里亚纳海沟进行了7 000米级海试第四次下潜试验,并成功下潜至7 020米的深度,这不仅是我国载人深潜的最新纪录,同时也是世界同类型载人潜水器的最大下潜深度。

这一天,"神舟九号"航天员与"蛟龙号"潜航员进行了天海问候。手动对接由航天员刘旺实施,景海鹏、刘洋负责监视仪表参数和对接靶标。景海鹏代表"神舟九号"飞行乘组说:"今天,在我们顺利完成手控交会对接任务的时候,喜闻'蛟龙号'创造了中国载人深潜新纪录,向叶聪、刘开周、杨波3位潜航员致以崇高的敬意,祝愿中国载人深潜事业取得新的更大成就!""蛟龙号"潜航员在海底向"神舟九号"送上祝福:"祝愿景海鹏、刘旺、刘洋3位航天员与'天宫一号'对接顺利!祝愿我国载人航天、载人深潜事业取得辉煌成就!"

6月25日的《广州日报》,以"上天下海 中国一天诞生两记录"为题,头版头条大篇幅地刊登了这个消息,让"神九上天,蛟龙入海"这一特大喜讯全市传播。

自古以来,华夏人民就有上天下海的梦想。中国人为了实现这个梦想,运用智慧,不断探索,努力尝试。现在,宇宙飞船"神舟九号"和潜水器"蛟龙号"的研发成功,让这个梦更近一步了。然而,我们也清楚认识到,"下海"比"上天"要困难得多。第一,宇宙与地面基本上都是相差一个大气压,而在海洋中每下潜10米就增加一个大气压。第二,宇宙飞船的轨道是可以计算的,而深潜装备的行踪完全不能预测。第三,电磁波在宇宙中可以畅通无阻,而在海洋中几乎是不能传播的。第四,光线在宇宙中传播毫无阻碍,而在深海里传播不过数十米。第五,宇宙飞船仅在发射时需要巨大的能量,一旦进入轨道就几乎不需要推力了;而深潜装备在海洋中潜行则自始至终需要推力,而且解决深海中的能量供应也是一大难题。

海洋是地球最大的地理单元,它广博富饶,滋养了一代又一代的人类。进入21世纪,世界上许多国家纷纷将目光投向了海洋,将海洋视作可持续发展的新空间。中国作为世界海洋大国,在实现民族复兴的伟大征程中,也必将以建设海洋强国作为重要的战略选择。因此,积极探知海洋奥秘,开发和利用海洋能源、资源势在必行。

本书参阅了大量最新的技术资料,深入浅出地介绍了海洋开发新技术,融趣味性和知识性于一体,给读者展现了一个奥妙无穷的海洋世界。

沧海有迹可寻宝
——海洋奥秘与海洋开发新技术

CONTENTS
目录

一 走进蓝色世界

1. 浸在水中的星球 /4
   从"天圆地方"到"地圆说" /4
   地球？水球？ /4
2. 地球上最大的宝藏——海洋 /6
   海洋的形成 /6
   生命的起源地 /8
   海洋是个大宝库 /8
3. 开眼看海洋的先驱们 /11
   兴鱼盐之利，行舟楫之便 /11
   航海，探求海外世界 /11
4. 海洋世纪到来了 /13
   21世纪属于海洋 /13
   广州走在海洋发展前端 /14

二 绚彩瑰丽的海洋生物

1. 现代海洋渔业 /17
   海洋捕捞 /17
   海水养殖 /18
2. 海洋生物药物研究"进行曲" /20
   由古到今，大海捞"药" /20
   海中"炼丹"——海洋生物活性物质的研究 /21
3. 海洋清洁卫士——海洋生物修复技术 /24

　　　　墨西哥湾漏油事件 /24
　　　　海藻的妙用 /26
　　　　能"吃油"的海洋微生物 /26
　　4　世界上最小的传感器——海洋生物传感器 /29
　　　　什么是生物传感器 /29
　　　　海洋生物传感器的研究 /29
　　　　绿色荧光蛋白 /31
　　5　建造海上牧场，发展"蓝色农业" /33
　　　　向海洋索取粮食 /33
　　　　建设海上牧场 /34
　　　　让鱼儿"安居乐业"——人工鱼礁 /35
　　　　为鱼儿建造"海中草原"——海藻场 /38

三　波塞冬的"藏宝阁"——海洋矿产资源

　　1　海水"斗"量 /42
　　　　海水中盐有多少 /42
　　　　我们非常富"铀" /42
　　　　海水淡化 /43
　　2　大浪"淘"沙——滨海矿沙 /45
　　　　滨海矿沙有多少 /45
　　　　滨海采沙要科学 /46
　　　　让我们点沙成金 /47
　　3　会生长的矿石——锰结核 /47
　　　　谁发现了锰结核 /48
　　　　锰结核的开采 /48
　　4　深水"石漆"——石油 /49
　　　　海中找石油 /49
　　　　深海采石油 /51
　　　　我国能采海底石油吗 /52
　　5　海底"能源水晶"——可燃冰 /53
　　　　谁发现了"能源水晶" /53

"能源水晶"在哪儿 /54
"能源水晶"的勘探 /54
"能源水晶"的开采 /56
6 深海"黑烟囱"——热液硫化物 /56
海底"黑烟囱"的形成 /56
我国探寻"黑烟囱"之旅 /58

四 蓝色星球的"魔法棒"——海洋可再生能源

1 驾驭风之精灵——风能 /62
堂吉诃德战胜了风车吗 /62
我国风能的利用 /62
海上风机 /63

2 海洋能量库——波浪 /64
波浪中有巨大的能量 /64
波浪的利用 /65

3 朝生为潮,夕生为汐——潮汐 /66
不都是月亮惹的祸 /66
潮汐的类型 /67
潮汐能电到你 /67

4 小差别,大能量——温差、盐差 /68
阿松瓦尔的设想 /68
能量巨大的盐差能 /69
我国盐差能知多少 /69

5 小小的"我",大大的"梦"——海洋生物制氢 /71
生物制氢 /71
我国生物制氢技术已成熟 /71
最新海洋生物制氢技术 /72

五 人类的第二生存空间

1 世界最长跨海大桥——港珠澳大桥 /76

世界最长的桥隧组合工程 /76
港珠澳大桥建设特点 /76
海底绣花 /77
高难度的沉管预制 /79
2 海上生明珠——人工岛 /81
南海上的精卫填海 /81
建造人工岛好比制造杯子 /81
3 海上明珠——香港国际机场 /84
海上机场如何建造 /84
香港国际机场 /84
4 深海生命线——海底光(电)缆 /86
跨越琼州海峡的海底电缆 /86
海底电缆单条长度创世界之最 /86
海底光缆 /87
如何敷设海底电缆 /89
5 海底仓库 /91
食品储藏引起的设想 /91
海底仓库方兴未艾 /92

六　巡洋五大法宝

1 你是我的眼——海洋遥感技术 /96
监测海洋的"天眼" /96
我国海洋的"天眼" /97
我国已发射3颗海洋卫星 /97
2 海龟回家带GPS——全球卫星导航定位系统 /98
你在哪儿我知道 /98
"北斗"卫星导航试验系统 /100
3 海阔任我行——航海技术 /101
船舶大型专业化 /102
船舶航行自动化 /102
航海技术电子化 /103
未来航海技术 /105

4 尽职的观测员——海洋浮标"三兄弟"/105
　　我们都是浮标哦 /105
　　海洋浮标是怎样工作的 /106
　　海洋浮标家族的"三兄弟"/108
5 海上的移动实验室 /111
　　海洋调查船 /111
　　功勋卓著"雪龙"号 /112
　　海洋科考之旗舰 "科学"号 /114
　　海洋科考之"实验1号、实验2号、实验3号"/115

七　保护蓝色家园

1 还我碧海 /120
　　哭泣的海洋 /120
　　海洋渔业资源环境形势严峻 /122
　　拯救海洋 /124
2 给海洋做美容 /127
　　垃圾不留，海洋自由 /127
　　消除油污，洁净海洋 /128
3 对抗"海上猛兽"/129
　　突如其来的海啸 /129
　　来势汹汹的风暴潮 /133
4 信息化海洋 /133
　　走进信息化时代 /133
　　海洋也要信息化 /134
　　中国数字海洋 /136
　　智慧广州，智慧海洋 /137
5 神圣的海洋权益 /137
　　海洋——延伸的"蓝色国土"/137
　　中国的未来在海洋 /139
　　"年轻有为"的三沙市 /140
　　联合国海洋法公约 /141

一　走进蓝色世界

沧海有迹可寻宝
——海洋奥秘与海洋开发新技术

小故事

巨龟举起大山

　　自古以来，人类就对自己安身立命的世界充满了好奇，他们凭借着自己的观察和想象，编出了许多奇特的神话传说。

　　濒海而居的古印度人认为，大地是由站在海龟背上的四头大象撑起来的，大象动一动，便引起地震。古俄罗斯人认为，大地像一块盾牌，由三条巨鲸用背驮着，漂游在茫茫的海洋上。

　　而在我国原著于战国时期的《列子·汤问》一书中，则记载了这样一个有趣的故事：远古时代，海洋中有五座大山，一座是其山川状如中国

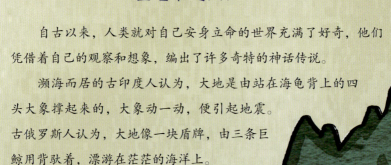

的"瀛洲",一座是有神仙居住的"蓬莱",此外还有"岱舆""员峤"和"方壶"三座大山。这五座大山无根无系,在大洋中,随着潮汐漂移,随着波浪上下波动,漂浮不能休止。神仙对此很是担忧,便向天帝报告。天帝听后也担心五座大山漂到西极,使神仙失去居所,便派守土之神带上十五只巨龟,让巨龟把五座大山举起来,巨龟分成三班,每六万年换一次班。于是,五座大山从此稳定了下来。

列子写的这个故事与古印度、古俄罗斯神话有相通之处,都认为海洋比陆地大,陆地是由海洋动物承载起来的。而更奇特的是,该故事竟暗含着现代"大陆板块漂移说",那五座大山不正是五个大陆板块吗?这着实令人为之惊叹!

1 浸在水中的星球

从"天圆地方"到"地圆说"

古时候的人由于活动的范围很小,只看到自己生活地区的一小块地方,因此一般只是凭着直觉,而产生了种种有关"天圆地方"的说法。我国早在2 000多年前的周朝,就有"天圆如张盖,地方如棋盘"的盖天说。古埃及人认为,天是由高高的山脉支撑着,像一块穹隆形的天花板,地像一个方盒。在古巴比伦和古希腊,人们认为大海包围着又平又圆的大地,而天像碗一样盖在上面。

公元前5世纪,古希腊数学家毕达哥拉斯和他的弟子们,首先提出了大地是球形的设想。公元前4世纪,古希腊科学家亚里士多德第一次对大地是球形作出了论证。公元前3世纪,亚历山大学者埃拉托色尼首创"子午圈弧度测量法",实际测量纬度差来估测地圆半径,最早证实了"地圆说"。公元8世纪,唐朝派太史监在河南平原进行了弧度的实地测量,得出地球子午线1度的弧长为132.3千米,也确认大地是球形的。但由于那时人类的活动范围很有限,其真实形状都没有得到实践检验。直到1522年,航海家麦哲伦率领船队从西班牙出发,一直向西航行,经过大西洋、太平洋和印度洋,最后又回到了西班牙,才得以事实证明地球确确实实是一个球体。

地球?水球?

一直以来,人类在陆地上居住生活,无法认识到地球的全貌,加之当时交通工具不发达和航海技术落后,所看见的只是广阔的土地，根本就不知道海有多大，所以把我们居住的大地称作"地球"。

　　直到1961年4月12日，苏联宇航员尤里·阿列克谢耶维奇·加加林乘坐"东方1号"宇宙飞船环绕地球轨道飞行，成为人类进入太空第一人。他在宇宙中看到地球时十分惊奇地说："人类给地球取错名字了，不该叫它地球，应叫它水球！"

　　为什么加加林会有这样的感叹呢？因为他看到地球表面大部分是海洋。

　　据计算，地球表面总面积约5.1亿千米^2，其中陆地面积1.49亿千米^2，占地球表面总面积的29.2%；海洋面积3.61亿千米^2，占地球表面总面积的70.8%。由此可见，海洋占据了地球表面的大部分区域。我们生活的地球其实是一个蔚蓝色的"水球"。

世界第一艘载人宇宙飞船"东方1号"

2 地球上最大的宝藏——海洋

海洋的形成

原始的地球，既无大气，也无海洋，是一个没有生命的世界。在地球形成后的最初几亿年里，由于地壳较薄，加上小天体不断轰击地球表面，地幔里的熔融岩浆易于上涌喷出，因此，那时的地球到处是一片火海。随同岩浆喷出的还有大量的水蒸气、二氧化碳，这些气体上升到空中并将地球笼罩起来，天空中水汽与大气共存于一体。

随着地壳逐渐冷却，大气温度慢慢降低，水汽与尘埃、火山灰结合形成凝结核，变成水滴积聚起来。由于冷却不均匀，空气对流剧烈，水滴便形成雨水落到地上，雨越下越大，一直下了很久很久。滔滔的洪水，通过千川万壑汇集成巨大的水体，大约在35亿年前，形成了原始海洋——泛大洋，泛大洋实际上就是古太平洋。

原始的海洋，海水不是咸的，而是带酸性，又是缺氧的。水分不断蒸发，反复地形云致雨，又重落回地面，把陆地和海底岩石中的盐分溶解，不断地汇集于海水中。经过亿万年的积累融合，才变成了今天咸咸的海水。

大约5亿年前，茫茫的泛大洋把陆地分成了两大块，北面的劳亚大陆和南面的冈瓦纳大陆，它们就位于今天的大西洋。而到了2.5亿年前，古大陆开始分裂，先是北美与欧亚古陆分离；1.5亿年前，非洲与南美洲分离；1.1亿年前，非洲与印度板块分离。

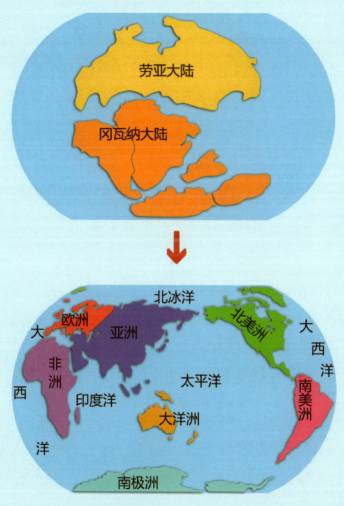

古大陆的分离，使泛大洋被瓜分成五大洋

大陆的分离的结果是：形成了大西洋，围出了北冰洋。最后，在 6 000 万年前大洋洲与南极洲同印度板块分离，形成了印度洋，而

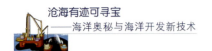

瓜分后的泛大洋则成为今天的太平洋。

生命的起源地

远古地球的大气中没有氧气，也没有臭氧层，紫外线可以直达地面，靠着海水的保护，生物首先在海洋里诞生。38亿年前，当陆地上还是一片荒芜时，海洋中就开始孕育了生命——最原始的细胞，大约经过了1亿年的进化，海洋中原始细胞逐渐演变成为原始的单细胞藻类，这大概是最原始的生命。这些藻类能进行光合作用，产生氧气和二氧化碳，为生命的进化准备了条件。这种原始的单细胞藻类又经历几亿年的进化，产生了原始水母、海绵、三叶虫、鹦鹉螺、蛤类、珊瑚等，海洋中的鱼类大约是在4亿年前出现的。

由于月亮的吸引力作用，引起海洋潮汐现象。涨潮时，海水拍击海岸；退潮时，把大片浅滩暴露在阳光下。原先栖息在海洋中的某些生物，在海陆交界的潮间带经受了锻炼。同时，臭氧层的形成，可以防止紫外线的伤害，使海洋生物登陆成为可能，有些生物就在陆地生存下来。无数的原始生命在这种剧烈变化中死去，留在陆地上的生命经受了严酷的考验，适应环境并且逐步得到进化发展。大约在2亿年前，两栖类、爬行类、鸟类出现了，而哺乳动物是最后诞生的。大约在300万年前，出现了具有高度智慧的人类。

海洋是个大宝库

海洋蕴藏了丰富的资源，海洋资源包括海洋水体资源、海洋生物资源、海洋矿产资源、海洋能源资源、海洋土地资源和海洋空间资源六大类。

地球上水的总储量约为 140 亿亿米³，其中海洋水的体积约 130 亿亿米³，占地球上水总体积的 96.53%。海洋水中溶解有大量的以盐类为主的矿物质，含量多达 5 亿亿吨，这也是海水咸的原因。

海洋蕴藏着丰富的资源

人类在陆地上发现的 106 种元素,现已有 80 多种在海水中找到。海水中含量最大的有氯化物、硫酸盐、碳酸氢盐、溴化物、硼酸盐、氟化物、钠、镁、钙、钾和锶等,总含量占海水化学元素的 99% 以上。

海洋中的生物是人类蛋白质资源的"仓库"。从低等植物到高等植物,从植食动物到肉食动物,加上海洋微生物,目前有 20 多万种生物生活在海洋中。据估计,全球海洋浮游生物的年生产量(鲜重)为 5 000 亿吨,在不破坏生态平衡的情况下,每年可向人类提供 300 亿吨供食用的水产品,这是一座极其诱人的食品库!

海洋蕴藏着大量矿产。据估计,世界近海的石油资源储量为 379 亿吨,天然气的储量为 39 万亿米^3,海底蕴藏的油气资源储量约占全球油气储量的 1/3。在 2 000~6 000 米水深的海底区域,蕴藏着多金属结核、热液矿床和钴结壳,其中锰结核资源总储量约 3 万亿吨。

海洋能运用的潜力十分巨大。全球海洋能理论可再生的总功率为 766 亿千瓦,技术上允许利用的功率为 64 亿千瓦,这一数字是目前全球发电机总容量的 2 倍。据估算,世界仅可利用的潮汐能一项就达 30 亿千瓦,其中可供发电约为 260 万亿千瓦·时。

海洋的土地资源也能被利用。沙滩可以开发为旅游景区;进行人工围垦,在海岸筑坝修田;海岸港口建设和船舶制造,促进海洋运输的兴旺;海上的岛屿与礁沙,正有待人们开发利用。

广阔无垠的海洋还带来了空间开发的可能。在海面上,建造海上设施如飞机场、工厂乃至城市,解决陆地人口拥挤的问题。在海底下,则可以进行海底管道运输、海底电缆敷设以及海底隧道修建等,水下实验室、海底军事基地也在研究和开发当中。

3 开眼看海洋的先驱们

兴鱼盐之利，行舟楫之便

早在旧石器时代中晚期，人类就在居住地附近的水域中捞取鱼、贝类作为维持生活的重要手段。到了新石器时代，人类的捕鱼技术和能力有了相当的发展。距今5 000年的大汶口遗址中，发现许多制作精湛的鱼鳔、鱼钩、网坠、骨簇、骨矛投掷器，并有大量海鱼骨骼和成堆的鱼鳞。商代甲骨文中的"渔"字形象地勾画了手持钓钩或操网捕鱼的情景，说明捕鱼在当时占有重要的地位。长期的捕鱼生活，人类对鱼类的生态习性有了更多的了解，捕鱼逐渐形成规模。

距今7 000年的河姆渡遗址中，发现了一具夹炭黑陶质的独木舟模型和六支木桨，这说明先民们已会制作独木舟。独木舟是由筏演变而来的，工艺过程比筏要复杂，制造技术也比筏先进，实际上它已具备了船的雏形。商朝造出有舱的木板船，汉朝发明了桨、锚和舵，唐朝出现了利用车轮代替橹、桨划行的车船。到了宋朝，船普遍使用罗盘（指南针），并有了避免触礁沉没的隔水舱。同时，还出现了10桅10帆的大型船舶。

古代人通过捕鱼、行船，对海洋有了初步的认识。

航海，探求海外世界

在生产不发达的时代，人类过着自给自足的生活，陆上交通就能满足人们的需要。随着人类社会不断发展，农业、工业等各

方面的生产技术有了很大进步。生产技术的进步又促进了生产力的发展,工农业产品远超过了本地的消费需求。要扩大市场就必须把产品运送出去,陆上交通已经不能满足需要,加之人类对海洋的逐步认识,海上交通开始兴起。

公元前2500年,古埃及就有人驾驶帆桨船沿地中海东航至黎巴嫩。公元前4世纪,古希腊人毕菲在海上探险中发现了不列颠群岛。公元前2世纪,中国秦朝徐福船队东渡日本。从6世纪开始,中国海上丝绸之路兴起,由广东远航到红海与东非之滨。由于以罗盘导航为标志的航海技术取得重大突破,中国领先西方进入"定量航海"时期。14世纪,伟大的中国航海家郑和率领远洋船队,先后七次下西洋,遍访亚非各国,最远到达赤道以南的非洲东海岸和马达加斯加岛。1492年,意大利人哥伦布横渡大西洋到达美洲。1497年,葡萄牙人达·迦马绕过非洲好望角直达印度。1519年,葡萄牙人麦哲伦船队向西环球航行。人类为开辟海洋新航路积极地探索。

4 海洋世纪到来了

21 世纪属于海洋

纵观世界许多发达国家和地区的发展，都是因海而兴、依海而强，15 世纪的葡萄牙、16 世纪的西班牙、17 世纪的荷兰、18—19 世纪的英国和 20 世纪的美国，这些国家的崛起都是如此。世界上最发达的国家均在沿海，世界五大产业带全都濒海而建。随着科技进步和经济社会发展，人类越来越认识到海洋拥有无法估量的通道价值和战略意义。

在当今全球粮食、资源、能源供应紧张与人口迅速增长的矛盾日益突出的情况下，开发利用海洋资源，已是必然的趋势。进

入21世纪,海洋已成为经济全球化、区域经济一体化的联系纽带和战略资源的接替空间,是国际政治、经济、军事、外交领域合作与竞争的重要舞台。21世纪是海洋的世纪,世界各民族均以崭新的姿态走向世界,拥抱海洋。

广州走在海洋发展前端

海洋事业日益受到世界各国关注,海洋经济日益成为各国经济发展新的增长点。广州作为中国五大中心城市之一,在区位方面,毗邻港澳,面向东南亚,是我国对外开放的"南大门"和通往世界的主要口岸;在产业方面,具备海陆互动发展海洋经济的深厚产业基础;在综合经济实力、综合服务功能等方面,具有得天独厚的发展海洋经济的优势。

广州作为广东省政治、经济、文化、交通、科技中心,也是海洋科技研究中心,集聚了华南地区绝大部分的涉海科研开发机构和管理机构,荟萃了众多海洋科技人才,海洋生物资源综合开发、海洋工程、海洋矿产资源开发、海洋监测和海洋灾害预报预警等技术的研发不断加强。雄厚的科技力量为海洋经济向高端化、现代化发展提供了有力支撑。

广州作为广东省海洋经济发展试点地区,海洋经济发展面临难得机遇,海洋经济整体发展迅猛,已成为广州市国民经济新的增长点。2011年,全市海洋经济总产值3930亿元,主要海洋产业增加值1468亿元,同比增长12%,一直位居全省前列。全市已形成了海洋渔业、海洋交通运输业、海洋船舶工业、滨海旅游业和海洋生物医药业等海洋产业群,其中海洋交通运输业、海洋船舶工业在全国城市中处于领先地位。

二　绚彩瑰丽的海洋生物

沧海有迹可寻宝
——海洋奥秘与海洋开发新技术

小故事

海的女儿

"在海的远处,水是那么蓝,像美丽的矢车菊的花瓣,同时又是那么清,像明亮的玻璃。然而它又是那么深,深得任何锚链都达不到底……"在丹麦作家安徒生写的童话《海的女儿》中,描述美丽高贵的小美人鱼憧憬海面上人间的世界。在她15岁的时候,她第一次浮出海面,巧遇一场风暴,她救起了海上落难的王子,并且不由自主地爱上王子。后来,她喝下了巫婆给她的药,用自己美妙的声音作为交换,使自己的鱼尾变成了双腿。可是,王子却要迎娶邻国的公主为妻。在结婚当晚,只要小美人鱼用从巫婆那里换来的短刀刺死王子,让他的血流在她的腿上,她就会恢复原来的样子。可是,善良的小美人鱼不愿杀害王子,她最终将短刀扔进了大海,然后跳进大海化为大海中的一个浪花……

住在深海中的美人鱼公主对海面上的生活充满了渴望,而人们却对海底的世界充满了好奇,海底下到底有些什么奇异的动物?又有哪些奇珍异宝呢?

1 现代海洋渔业

海洋捕捞

远洋渔船技术的迅速发展，带动了海洋捕捞技术的迅速发展。目前，从事远洋捕捞生产的渔船，动力基本在300千瓦以上，且通常配有冷藏加工设备，远洋渔船向"大型化、绿色低碳、高科技"方向发展。远洋渔船的主要船型有拖网、围网、延绳钓3种。拖网渔船的船型最大，世界上最大的拖网渔船的总长有140米以上，鱼舱舱容量超过11 000米^3；围网渔船的船型次之；延绳钓渔船一般较小，世界上最大的延绳钓渔船船长在55米左右。延绳钓渔船目前在全球被广泛应用，船上一般配备了自动舵、全球定位系统GPS、航迹仪、单边带、雷达、航警电传、自动测向仪以及探测金枪鱼或其他饵料用的彩色探鱼仪等先进的助渔导航设备，一些先进的金枪鱼延绳钓渔船会配置全套自动化延绳钓装备，可实现自动起放钓。

广州远洋渔业公司全新建造的"穗远渔29"钢质专业金枪鱼延绳钓船，船长39米、宽6.9米，排水量达500吨，渔舱总容量可装85吨渔获，设计航速11节，可持续在海上生产作业55天，且抗碰撞性能强，配备了先进的助渔设备，采取了双制冷技术，可有效地保存渔获质量。2012年12月11日首次启航满载归来，共捕得大目金枪鱼、黄鳍金枪鱼、长鳍金枪鱼、旗鱼等珍贵鱼类，其中最大的金枪鱼重74千克，其他捕获的鱼类每条重约40千克。"穗远渔29"的成功归航，标志着广东海洋捕捞正迈向深海。

延伸阅读

为何休渔

人们普遍认为渔业资源是一种可再生资源。但随着人类对海洋生物需求的增加及海洋捕捞技术的发展,人类使用了更加精密的仪器对鱼群进行探测,使用更加细密的网具对鱼类进行追捕,使得大鱼、小鱼都成为"网中物"。渔业资源一度出现匮乏。1999年后,即使机动渔船的拥有量继续保持增长,但渔获量却出现了下降——海洋生态系统已无法支撑过量的捕获能力。为修复沿岸近海的海洋生境,修养和保护渔业资源,政府出台伏季休渔制度,在海区鱼类产卵繁殖时期禁止进行捕鱼作业,保护亲鱼和幼鱼,优化渔业资源种群结构,以保证渔业资源的持续发展。2013年南海区伏季休渔的时间是5月16日12时至8月1日12时。

海水养殖

我国海水养殖历史悠久,早在汉朝就有"合浦珠还"的故事:广西合浦盛产珍珠,但历代官吏贪赃枉法,强迫珠民滥采珠贝,致珠蚌迁走，直到清官孟尝到任，珠蚌才返回合浦。这说明早在汉朝之前，渔农就捕捞珠蚌，到了宋朝便发明了养殖珍珠法。自20世纪80年代开始，我国海水养殖发展迅速，已经成为世界第一海水养殖大国。

在遗传育种技术和现代生物技术的推动下，我国的海水养殖先后经历了以海带、中国对虾、海湾扇贝、鲆鲽、参鲍为代表5个重要阶段，并且随着技术的进一步发展，将不断有新的优良品种推出，并实现大规模生产。近10年来，"黄海1号"中国对虾、"大连1号"高产杂交鲍、"海大蓬莱红"扇贝和"荣福"高产海带等一批高产和抗逆新品种的成功培育，增添了新的养殖品种，为海水养殖创造了良种条件。

深水网箱养殖

大型抗风浪深水网箱，是近二三十年发展起来的全新养殖设施，设置在水深15米以上的较深海域，养殖容量在1 500米^{3}以上，具有较强的抗风、抗浪、抗海流能力，一般由框架、网衣、锚泊、附件等4个部分组成。升降式深水网箱，还具有升降设施。深水网箱强度高，柔性好，耐腐蚀，抗老化，抗风浪能力强，使用年限长，有效养殖水体大，效率高，综合成本低，污染小，水质优，鱼类死亡率低，鱼产品品质好。采取鱼—贝—藻和鲍鱼—海带—刺参多营养层次的综合养殖模式，能全面优化品种结构，提升产品质量。

2 海洋生物药物研究"进行曲"

由古到今，大海捞"药"

我国是最早把海洋生物作为药物的国家之一，早在《黄帝内经·素问》中就有记载："乌贼骨作丸，饮以鲍鱼汁治血枯。"《神农本草药》《海药本草》《本草纲目》《本草纲目拾遗》及《食疗本草》等书籍，陆续收入海洋生物药物，共收录了110多种海洋生物药物的作用和使用方法。在古代宫廷中，玳瑁、海参被视为延年益寿的药物，吞食珍珠粉可以美白美肤；在民间，人们把牡蛎、海燕作为壮阳或者妇科治病的药物，很多海洋生物还与其他药物配伍用来治疗各种疾病。

在现代，当在陆地上寻找对抗癌症、艾滋病、心血管等严重疾病的新药遇到困难时，科学家把目光投向了海洋这座生物资源宝库。

海中"炼丹"——海洋生物活性物质的研究

海洋生物是如何华丽变身为治病救人的海洋生物药物呢？从海中捞上来的海洋生物必须经过海洋生物活性物质的提取与分离、活性物质的筛选、活性物质成分的鉴定、活性物质的合成生产、海洋药物的临床试验等重要步骤才能最终变成可被人类利用的药物。

随着分子生物学、细胞工程、酶工程、基因工程的发展与应用，科学家们使用生命活动中具有重要作用的基因、酶、离子通道、核酸等生物分子作为大规模筛选的作用靶点，来进行活性物质的筛选；借助基因工程技术，采用基因工程受体，如以癌基因和抑癌基因为作用靶点进行抗肿

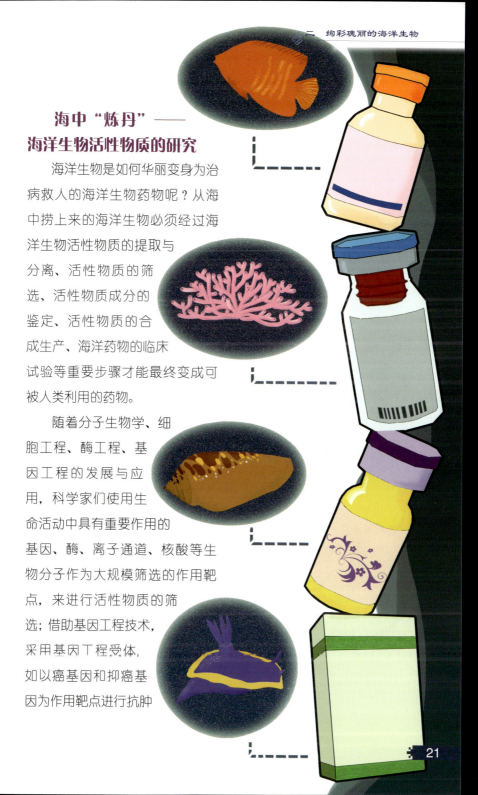

瘤药物筛选等。用微板形式作为实验工具载体，结合计算机技术，可通过自动化操作系统执行试验过程，且能灵敏快速地检测仪器采集实验结果数据。若使用建立在芯片技术上的超高通量筛选，不仅可实现一药多筛，且可同一时间检测数以千万的样品。高通量筛选技术的使用大大缩短了海洋生物药物的研制过程。

活性物质的提取

从 20 世纪 60 年代到当代的几十年间，科学家们从海洋生物身上发现了大量活性物质，它们的主要药理活性作用包括中枢神经作用、抗肿瘤作用、抗菌抗病毒作用、心脑血管系统作用、抗炎、镇痛、抗氧化、降血糖等。最早开发成功的现代海洋药物头孢霉素、阿糖腺苷、阿糖胞苷等现已广泛用于临床。

近年来，不断有研发成功并获得 FDA（美国食品药品管理局）或者 EMA（欧洲药品管理局）批准上市的新药。来源于印度-太平洋芋螺的镇痛药物，其前体化合物是芋螺的肽类毒素可通过合成获得的药源，2004 年获得 FDA 的批准为用于治疗慢性顽固性疼痛的药物。从加勒比海被囊类动物海鞘中提取的一种化合物（被命名为 ET-743）可通过与 DNA 烷基化合从而影响肿瘤增殖细胞 DNA 的转录，目前这种化合物可通过海洋细菌的发酵产物半合成获得，被 EMA 批准为治疗进行性软组织肉瘤、复发性卵巢瘤等罕见病药物使用，2007 年正式批准上市。E7389 是一类从海洋生物海绵提取的大环内酯类化合物软海绵素 B 的衍生物，2010 年被 FDA 批准为用于治疗晚期乳腺癌的药物。

目前还有十几种海洋药物正进入临床 I ～ III 期的研究阶段，它们主要针对恶性肿瘤、创伤和神经精神系统疾病，分别来源于海鞘、海兔、海绵、苔藓虫和海洋细菌等海洋生物。另外，还有上千种来自海洋生物的活性化合物正在进行药性评价和临床研究等的早期开发。经过几十年的艰苦研究，全球海洋药物逐渐步入收获成果的时期，只要我们勇于创新、继续努力，必将会在短期内研制出更多用于治病救人的新药。

3 海洋清洁卫士
——海洋生物修复技术

墨西哥湾漏油事件

2010年4月20日夜间,英国石油公司在墨西哥湾租用的"深水地平线"钻井平台发生爆炸并引发大火,大约36小时后沉入墨西哥湾,11名工作人员死亡,大约2天后钻井平台底部开始漏油不止。事发半个月后,各种补救措施仍未有明显突破,沉没的钻井平台每天漏油达5 000桶,并且海上浮油面积在4月30日统计的9 900千米^{2}基础上进一步扩张。3个月后,墨西哥湾钻井还在漏油,成为美国历史上最严重的原油海洋污染事故。

这次严重的漏油事件不仅使英国石油公司蒙受巨大的经济损失，美国当地经济也受到了很大的打击，很多人因此失业；墨西哥湾附近海域的生态遭到严重破坏，28 万只海鸟、数千只海獭和斑海豹等动物死亡，蓝鳍金枪鱼、棕颈鹭、抹香鲸、海豚、海燕和燕鸥等 10 多种生物面临生存威胁，蠵龟、西印度海牛和褐鹈鹕 3 种珍稀动物面临灭顶之灾，海水变得浑浊，在短时间内难以恢复。

目前，世界各国近海海域都受到重金属、石油、有机物等污染物的不同程度的污染，如何清除这些污染物，如何让我们的海洋恢复洁净，修复生态成为海洋环境问题中的一个重要问题。经过科学家的研究，发现海藻和海洋微生物经生物技术改造后可以很好地去除污染物，成为修复海洋环境的主要手段之一。

海藻的妙用

海藻属海洋初级生产力,它们能通过光合作用吸收光能,以水和二氧化碳为原料,合成有机物质。在它们的生活周期中,能吸收大量的氮、磷、二氧化碳等物质,还能对铁、锰、铜、锌等重金属离子具有选择性吸收能力,并可将其部分转化为无毒的金属配合化合物。因此,海藻在缓解海水富营养化、减少海洋重金属污染、维持海洋生态平衡等方面具有重要的生态价值。

金属硫蛋白是一类广泛存在于动物界的低分子量、富含半胱氨酸、诱导性强、具热稳定性的非酶结合蛋白。金属硫蛋白能在生物体内调节必需金属元素的平衡,当机体内金属含量达到一定浓度时,能诱导合成新的金属硫蛋白,以维持细胞内的离子处于相对稳定状态,防止高浓度离子对膜系统、酶和细胞内其他敏感部位的毒害作用。通过转基因技术,把动物体内的金属硫蛋白转入到这些具有吸收重金属功能的海藻"身上",从而筛选出具有重金属吸收能力更强的基因工程藻种,应用于海洋环境污染的治理中。

研究发现将金属硫蛋白基因转到海带中,可提高海带对重金属离子的富集和吸收能力。蓝藻本身是具有很强吸附重金属能力的藻类之一,若转入经修饰过的金属硫蛋白基因,蓝藻在吸收水体中对人类有害的铅离子和镉离子显示出很强的选择吸收性,在对铜废矿水样品(浓度小于640微克/升)直接处理72小时后能有效去除水中的38.6%~44.6%的铜离子。另外,蓝藻还可以用来降解农药。转入特定基因的鱼腥藻可以令降解林丹的速度加快,还能降解氯苯和碘苯等有机农药。

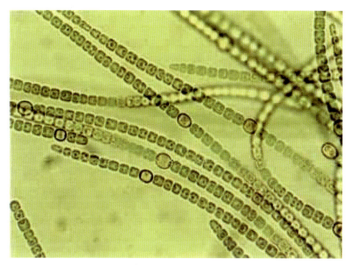

除污功能强大的鱼腥藻

能"吃油"的海洋微生物

墨西哥湾漏油事件爆发后,漏油近 500 万桶,清洁海湾成了政府和科学家们最头痛的事情。然而,科学家们发现一种叫海洋螺菌的海洋微生物可帮助完成清洁海湾的任务;另一些科学家又发现,海水中高浓度甲烷则被快速繁殖的深海嗜甲烷菌所吞没,甲烷迅速地回归正常值。

当今年代,人类生活依赖石油。石油运输 2/3 通过海运,部分石油的开采也在海中进行。而石油的洒落无法避免,因此,对海洋环境的污染时常发生。清除海洋污染物,修复受损的海洋环境,成为科学家们首要解决的问题。科学家们发现部分海洋微生物能在石油中迅速繁殖,破坏长长的碳链,以"碳"为食从而分解令人类头痛的污染物。目前,已分离得到能降解石油污染物的海洋微生物有 200 多种,分别属于细菌、放线菌、霉菌、酵母等。

那么，我们如何利用这些微小的精灵修复受石油污染的海洋呢？

一是通过接种加入具有高效降解能力的菌株。通常一株降解菌只能降解其中的一种或一类组分，而原油成分复杂，因此，混合具有不同降解能力的菌株对原油污染的治理和控制会起到更好的效果。

二是通过改变环境促进微生物的繁殖和代谢能力。通常采用投入表面活性剂和投入氮、磷营养剂两种方法。表面活性剂可以增加海水中微生物的接触面积，增加细菌对石油的降解能力。但是，许多表面活性剂具有毒性会污染环境，因此在实际应用中需使用由微生物产生的表面活性剂来加速石油的降解。投入氮、磷营养剂方法简单有效，而且没有污染。海上发生漏油事故后，碳源充足，氮、磷成为限制微生物生长的限制因子，投入氮和磷有利于促进微生物的生长繁殖，增加微生物降解石油的能力。

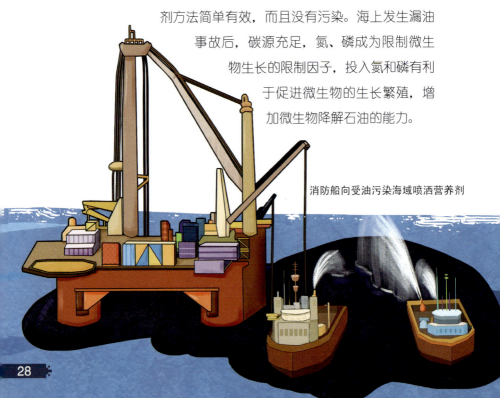

消防船向受油污染海域喷洒营养剂

4 世界上最小的传感器
——海洋生物传感器

什么是生物传感器

为了解决糖尿病病人快速检测其血糖值的迫切需要，1967年科学家尤普迪和希克斯首次研制出以铂电极为基体的葡萄糖氧化酶电极传感器，用于定量测定血清中的葡萄糖含量，这种以生物物质作电极的第一代生物传感器由此诞生。

生物传感器是指一种含有固定化生物物质（如酶、抗体、全细胞、细胞器或其联合体）并与一种合适的换能器紧密结合的分析工具或系统，它可以将生化信号转化为数量化的电信号。生物传感器具有特异性识别生物分子的能力，并能通过一种合适的敏感换能器检测生物分子与分析物之间的相互作用。海洋生物传感器，主要是利用海洋生物的特异活性物质作为固有的反应基础制成的生物传感器。

海洋生物传感器的研究

目前，海洋生物传感器尚处于研发阶段，在美国和欧盟国家海洋生物传感器的研制成为研究热点。最近几年主要的研究项目如下：

（1）以色列和德国等4个机构参与的"用冷光藻青菌生物传感器作为监测水质的新型赤潮预警系统"项目，筛选对氮、磷或铁元素敏感的藻青菌，并植入生物发光基因，使其成为单细胞生物传感器，遇到氮、磷或铁元素时能够发光，可以监测海洋水质，预测赤潮的爆发。

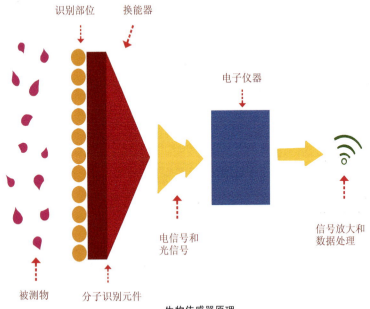

生物传感器原理

(2) 匈牙利、意大利、法国和中国参与的"研发细胞传感器和分子生物传感器，评估污染和太阳紫外线辐射对海洋无脊椎动物（海绵和海胆）的商业和生态影响"项目，将开发新型的细胞生物传感器、免疫生物传感器、DNA传感器等，用来监测污染和太阳紫外辐射对海洋无脊椎动物的影响，并研究海洋无脊椎动物的适宜生长条件。

(3) 西班牙、瑞典、荷兰、英国、丹麦等国参与的"开发在固体海床检测生物有效性的重金属的生物传感器"项目，首先要设计用于同步探测金属离子的调控连锁反应，通过克隆对金属敏感的DNA序列导入真养产碱菌中制作生物传感器，而后在实验室中检测生物传感器对土壤重金属废物的灵敏度，希望能够用于海洋重金属的实地探测等工作。

绿色荧光蛋白

在美国华盛顿的星期五港，到了夜晚往往会出现一种奇特的景象：港湾海面上会闪烁起一种神秘的深幽绿光。原来，那是港湾海水里聚集了成群会发光的维多利亚多管水母所形成的奇景。科学家们经过大量的研究发现，这种水母体内有一种叫水母素的物质，能与钙离子结合发出蓝光，而这道蓝光在未被人所见时就被一种蛋白所吸收而发出绿光。而且，他们发现这个奇特的蛋白在阳光下呈绿色，在钨丝下呈黄色，在紫外光下呈强烈的绿色。这种奇特的蛋白后来被命名为绿色荧光蛋白。

绿色荧光蛋白具有易于检测、荧光稳定、无毒害、通用性、易于构建载体、可进行活细胞定时定位观察和易于得到突变体的特点。因此，绿色荧光蛋白极适于用作活细胞体内的光学感受器。基于绿色荧光蛋白的传感器应用前景极为广阔，第一个基于绿色

20世纪60年代，日本科学家下村修在这个会发光的水母身上发现了绿色荧光蛋白

2005年，美国犹他州立大学生物学家在线形虫体内植入绿色荧光蛋白用来研究线形虫咽喉、肠道和生殖腺的特性

荧光蛋白的生物传感器为钙离子感受器。随后，科学家利用基因融合技术，将一个新的分子识别位点结合到绿色荧光蛋白上，从而构建起新的分子感受器，这种感受器可被用来检测如蛋白质、核酸、激素、药物、金属及其他一些小分子化合物。

利用绿色荧光蛋白还可以动态地观察细胞世界的活动过程，为细胞器一些基本生理过程进行详尽的观察提供新方法。作为分子标记，绿色荧光蛋白被称为"21世纪的显微镜"，它还被作为荧光探针用于药物筛选。利用绿色荧光蛋白荧光探针，筛选过程

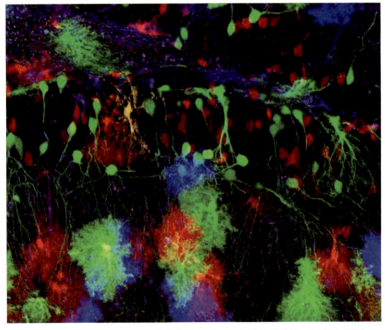

科学家杰夫·利希曼利用绿色荧光蛋白展现了大脑内的连接，图片中美丽的"彩虹"就是神经系统网络（2007年《连线》杂志网站刊登了这张图片）

简单方便，成本也很低。绿色荧光蛋白还可融合单链抗体，用作免疫染色的检测试剂，直接应用于流式细胞仪和免疫荧光的标记及肿瘤的检测等。

绿色荧光蛋白的出现，使科学家们获得了研究细胞生理过程、病毒作用机制、重大疾病（如肿瘤、艾滋病等）发病机制、药物筛选等的"尚方宝剑"，使很多分子生物学和细胞生物学的研究变成了可能。下村修、马丁·沙尔菲与钱永健因此研究共享了2008年的诺贝尔化学奖。

5 建造海上牧场，发展"蓝色农业"

向海洋索取粮食

粮食问题已经成为亟待解决的全球性问题。有人做过研究，到2050年世界人口将增长至90亿，粮食需求要比现在增长70%。但随着人口的增长和耕地面积的减少，利用当今的生物科技，到时仅能增加30%的粮食，因粮食不足而饿死的人会逐渐增加。我国是人口大国，正面临着粮食危机问题。海洋是个巨大的生物资源宝库，且海洋生物资源能再生，向海洋索取粮食，发展"蓝色农业"成为最好的解决办法。

人们常说的海藻一般是指大型藻类植物，如海带、紫菜、石花菜、龙须菜等。有的可以吃，有的可以入药。研究发现海藻富含蛋白质、脂肪和碳水化合物，而且还含有20多种维生素，可作为人类的食物，因此有"海洋粮食"之称。从海藻中提取的海藻

沧海有迹可寻宝
——海洋奥秘与海洋开发新技术

从海藻身上提取到的卡拉胶和琼脂

多糖具有很高的应用价值，如琼脂、卡拉胶、褐藻酸盐等已在工业上长期使用。而且，海藻多糖具有生物活性，临床研究发现其具有抗病毒、抗肿瘤、抗氧化、降血糖血脂等药用价值。因此，海藻是重要的海洋生物资源。

建设海上牧场

海上牧场是一种新型的、生态型的渔业系统，即在某海域内，建设适应水产资源生态的人工生息场，采用增殖放流和移植放流

二 绚彩瑰丽的海洋生物

的方法，将生物种苗经过中间育成或人工驯化后放流入海，利用海洋自然生产力和微量投饵育成，并采用先进的鱼群控制技术和环境监控技术对其进行科学管理，使其资源量增大，有计划和高效率地进行渔获。

海上牧场主要是通过"底播增殖"的手段，像在陆地放牧牛羊一样，让鱼、虾、贝、藻资源在自然海域中生长，这样不仅不会造成污染，而且还是修复海洋生态的一种手段。海上牧场的选址，一般选择远离人类活动集中的区域，像划定重要渔业水域一样在海上划定一个区域建立海上牧场。海上牧场的建设方式包括人工鱼礁、近岸海草床和海底海藻场、苗种培育和繁育等。

让鱼儿"安居乐业"——人工鱼礁

很久以前，当一位渔民经过他平时很少能捕到鱼的海域时，无心抛下了渔网，却满载而归。这个消息传开了，很快附近的渔民都纷纷到这片海域来捕鱼，都收获丰富。可是没多久，那片海域又捕不到鱼了。原来，不久前这里沉没了一艘军舰，吸引了很多鱼儿游到沉船的附近来栖息。但军舰被打捞以后，鱼儿又游走了。

事实证明,这艘沉船起到了"诱鱼"的作用,是人工鱼礁的雏形。

在现代,人工鱼礁是指为保护和改善海洋生态环境,增殖渔业资源,在海洋中设置的构筑物。随着科技的进步,科学家们结合材料学、流体力学、海洋学、鱼类行为学等各方面的技术对人工鱼礁的设计进行了周密的研究。他们发现,人工鱼礁构筑材料的质地和组成会影响到人工鱼礁的性能,混凝土是比较理想的材料,可做成任意形状强度好,而且有利于海洋生物的附着;钢制礁体则加工性能高,在海底稳定性好、无毒,溶入水中的铁离子还可以吸引大量生物,但容易被腐蚀、寿命短;木质礁体的优点是无毒、加工性强、成本低廉,但容易受海水侵蚀、海洋生物啃食;

煤灰制的人工鱼礁则因其会溶解出有毒有害物质，现在一般不采用。

那人工鱼礁要设计成什么形状才能更吸引鱼儿呢？人工鱼礁的结构设计必须考虑生物因素、流体力学因素和空间几何因素才

能发挥出最大的作用。就像我们住房子一样，房子越大，空间越大，居住的人就觉得越舒适。为了便于鱼儿们栖息，鱼礁应设计为中空型的，且鱼礁的孔隙率越大就越能让鱼类在里面"安居"，鱼礁的构造越复杂，也越能诱集不同种类的鱼类。

为鱼儿建造"海中草原"——海藻场

海藻场是由在冷温带大陆架区的硬质底上生长的大型褐藻类与其他海洋生物群落所共同构成的一种近岸海洋生态系统。它可由不同的主导植物形成不同的支撑群落，例如红藻群落构成红藻森林的支撑系统、海带群落构成海带场的支撑系统等。在海藻场形成后，海藻场对波浪具有消减的作用，使海藻场内形成静稳海域，且水温差变化小，有利于海洋生物的生息，并成为灾害天气的避难场所，可成为许多贴底生物如海绵动物、腔肠动物、甲壳动物、棘皮动物和鱼类等栖息场所。

我们该如何建造海藻场？首先，要进行物种的选择。海藻场生态工程一般分为重建型、修复型和营造型3种。对于重建型和修复型海藻场，一般以原种类的海藻作为底播种；对于营造型的海藻场应根据海域的荒漠化状况以及实际环境确定适合生长的藻种。其次，选择坡度较缓、水深较浅的硬质底作为基底，并对基底进行整备，包括调整其沙泥岩比例、底质酸碱度、基底坡度等。最后，通过移植与"底播"的方式把预先培育好的母藻植入底质。

海藻场建成后，通过定期的监测及养护，营造成海底"森林"区。这些海藻类不但可以作为海洋鱼类索饵场和庇护场，而且可以成为近海的农场，采取轮作或轮采加以收获，为人类供应食物和工业原料。

三　波塞冬的"藏宝阁"
——海洋矿产资源

海底有个出盐的神磨

在希腊神话故事中,海神波塞冬是一位主宰海洋的神仙,他像中国的龙王一样,也在海底下藏着无数的宝藏。而在北欧的斯堪的纳维亚半岛则流传着这样一个民间故事,说海水之所以总是咸的,是因为在海底有一个神仙,他有一盘能够出盐的神磨在不停地转动,所以海水一直是咸的。这当然只是一个传说,但实际上,在大洋底部还真的有仿佛竖着烟囱的"工厂"。1979年,美国海洋学家肖埃非等乘"阿尔文森"号深潜器潜入太平洋深海时,竟发现在水深2 500米以下的大洋底部有"烟囱"林立,就像一片"厂区"。那里蒸气升腾,不断涌出烟雾般的热泉。后来发现,在热泉水中含有铜、锌、铁等金属和硫,堪称"金银泉";此外,海底还有"锰结核"、金属软泥等各种不断增长的宝藏。

人类有记载利用海洋的历史超过千年,但是20世纪以来,随着陆地资源的日益匮乏,海洋的巨大经济、政治价值逐渐为人们所重视。据海洋学家估计,各国沿海大陆架的石油总储量为2 500亿吨,相当于陆地石油储量的3倍。此外,还有亿万吨含锰、铜、钴、镍等多金属结核的矿物资源蕴藏在深海底部。因此有人认为,21世纪是海洋的世纪。

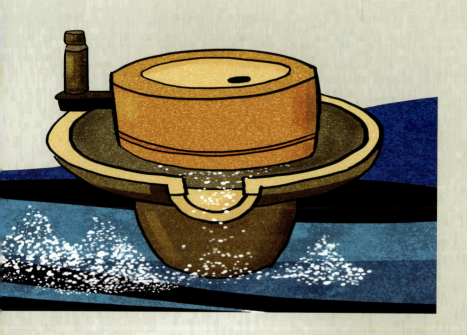

1 海水"斗"量

海水中盐有多少

海洋中约含有 13.5 亿千米^3 的水，约占地球上总水量的 97%。如果把海水中的盐全部提取出来平铺在地球的陆地上，陆地高度可增加 150 多米。如果海洋的水分蒸干，则现在的海底会平均增高 60 米。

海水是一种成分复杂的溶液，已发现的化学元素超过 80 余种。主要的常量元素有氧、钠、镁、硫、钙、钾、溴、碳、锶、硼、氟 11 种，占化学元素总含量的 99.8%~99.9%。而其他的元素含量相对较少，如铁、钼、钾、铀、碘等。海水中还含有金、银、镉等重金属元素。虽然它们每升海水中的含量在 1 毫克以下，但因为地球上有近 70% 是海洋，因此总量却是惊人的。目前人类对于这些海水中元素的提取技术还处在研究阶段，或许在不久的将来人类主要的矿产来源不是陆地而是在海洋。

我们非常富"铀"

海水中丰富的无机盐类为人类提供了大量的金属元素，按照含量高低排序为钠、镁、钙等。作为核能源必不可少的铀元素，在海水中的含量也很高，科学家表示，从海水中提取铀正在逐渐成为一种比较经济的可行办法。科学家们估计，全世界范围的海洋蕴藏着至少 40 亿吨铀。在过去，由于存在技术困难和费用高等难题，从海水中大规模提炼铀一直都难以实现。近日有报告显示，将海洋变成一座巨大的"铀矿"的想法正在变成现实。一旦成功，提取技术的费用有望从目前的每磅（453克）560美元降低到300美元左右。

海水中溴的含量也很高，被人们称之为溴的"故乡"。地球上99%的溴都在海水中，据统计，海水中溴含量约为65毫克/升，总量达100万亿吨。1967年，我国开始用"空气吹出法"进行海水直接提溴，1968年获得成功。现在青岛、连云港、北海等地相继建立了提溴工厂，进行试验生产。"树脂吸附法"海水提溴也于1972年试验成功。

钾元素在海水中占第六位，共有600万亿吨。氯化钾就是我们从海水中提取的肥料。

海水淡化

海水淡化即利用海水脱盐生产淡水，是实现水资源利用的开源增量技术，可以增加淡水总量，不受时空和气候影响，且水质好，可以保障沿海居民饮用水和工业锅炉补水等稳定供给。现在所用的海水淡化方法有海水冻结法、电渗析法、蒸馏法、反渗透法。其中应用反渗透膜的反渗透法以设备简单、易于维护和设备模块化的优点迅速占领市场，逐步取代蒸馏法成为应用最广泛的方法。

目前世界上常用的海水淡化技术可分为热法和膜法两大类。

热法是利用蒸汽热源和最终凝汽冷却的温度差，调整各阶段的饱和蒸汽压及过热度，使海水逐级蒸发，制造淡水。膜法是在直流电场或高压作用下，透过半透膜分离净化制造淡水。热法由于含有较高技术含量，因此设备投资较高，优势是调试稳定后运行操作简单，维护、维修费用较低。膜法的技术较成熟，随着半透膜售价和高效率能量回收装置的价格逐年下降，总体设备投资

沧海有迹可寻宝
——海洋奥秘与海洋开发新技术

大大降低。目前在美国、欧洲、以色列和新加坡都有了大型装置的应用。

为了更好利用地球上70%的海水，向海洋要淡水已经成为人类发展的趋势，特别是在缺少淡水资源的中东地区。世界上第一个海水淡化工厂于1954年建于美国得克萨斯弗里波特（Freeport），现在仍在运转着。佛罗里达州基韦斯特（Key West）的海水淡化工厂是世界上最大的一个，它供应着城市用水。全世界共有近8000

座海水淡化厂,每天从海洋中淡化海水量超过 60 亿米^3。这个数据随着海水淡化技术普及性及优化性的不断提高呈上升趋势。

而在国内,早在 1985 年,广州市番禺县黄阁镇(现属广州市南沙区)的沙仔岛就建成了中国第一个亚海水(苦咸水)民用渗析淡化站。该项目稳定运行 14 年,为中国沿海市县咸害区改善供水提供了示范。

2013 年 1 月 13 日,国家海洋局天津海水淡化与综合利用研究所和广东珠海万山海洋开发试验区在珠海签署《战略合作框架协议》。根据该协议,双方在建设万山海水利用示范岛、发展海水资源综合利用产业、开展海岛资源调查等方面达成共识,并计划在年内启动海水淡化项目。

2 大浪"淘"沙——滨海矿沙

听过"外婆的澎湖湾"么,里面的歌词唱着"阳光、沙滩、仙人掌,还有一位老船长"。伴着音乐的动人旋律,浮现在人们眼前的景象就是阳光下、沙滩上无忧无虑的孩子天真的笑脸。

也许你不知道,滨海矿沙在浅海矿产资源中,其价值仅次于石油、天然气,目前世界上有 30 多个国家在近岸和浅海开采矿沙。

滨海矿沙有多少

据统计,全世界 96% 的锆石、90% 以上的金红石、80% 的独居石、75% 的锡石和 30% 的钛铁矿都来自滨海矿沙。据报道,现已探明的矿沙储量以钛铁矿最多,为 10.5 亿吨;其次是钛磁铁矿,

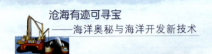

沧海有迹可寻宝
——海洋奥秘与海洋开发新技术

为8.25亿吨;第三是磁铁矿,为3.0亿吨;独居石为255万吨,沙锡为250万吨,沙金为400吨,沙铂为200吨,金刚石为6 300万克拉。此外,滨海矿沙中的稀土矿储量可达1.28亿吨,石英沙则有几百亿吨。

我国的滨海矿沙储量十分丰富,世界上所有滨海矿沙的矿物在我国沿海几乎都能找到,是世界上滨海矿沙种类较多的国家之一。近30年已发现滨海矿沙20多种,各类矿沙床191个,总探明储量达16亿吨,矿种多达60种,其中具有工业开采价值并探明储量的有13种,如钛铁矿、锆石、金红石、独居石、磷钇矿、金红石、磁铁矿和沙锡等。我国华南沿海地区滨海矿沙总储量达2 720万吨。

滨海采沙要科学

滨海采沙一般采用链斗式采沙船或者是沙泵抽取的方式进行开采。相对于开采技术的不断更新,人们更关心滨海采沙对环境的影响。很多国家和地区就因过度采沙导致沿海生态圈的毁灭性破坏。

如果不注重环境保护，滨海采沙对于生态环境的破坏往往是不可逆的。直接的影响就是海岸线的不断侵蚀，使得本已低缓的海拔区域地势下降，有的甚至形成了负地势，造成海水倒灌，对土壤、水质等造成毁灭性的不可逆的破坏。因此，在滨海采沙应该注意生态恢复与重建的工作。

让我们点沙成金

在人类不断发展的现在，电子产品成为我们必不可少的生活品，可是有谁知道，作为电子产品的集成电路、半导体等核心材料的硅片制作原料就来源于地球上最为常见的沙子，一块具有金属光泽的灰黑色硅片，看上去非常普通，可是经过人们的创新与设计成为与我们生活息息相关、必不可少的必备品，这就是人类"点沙成金"的故事。

3 会生长的矿石——锰结核

在人们的印象中，矿产资源是不可再生的，特别是那些经过亿万年地质变化产生的矿产资源，而对于锰结核这个理论将不再适用。海洋地质学家早在100多年前就知道，在4 300~5 200米深的海底，铺了一层锰结核。这些土豆大小的锰结核，含有铁、镍、钴以及其他金属。它们不仅储量巨大，而且还会不断地"生长"。生长速度因时因地而异，平均每千年长1毫米。以此计算，全球锰结核每年增长1 000万吨。锰结核堪称"取之不尽，用之不竭"的可再生多金属矿物资源。

沧海有迹可寻宝
——海洋奥秘与海洋开发新技术

谁发现了锰结核

19世纪70年代，英国深海调查船"挑战者"号在环球海洋考察中，在大西洋底首先发现了锰结核。100多年后，太平洋的锰结核被连续大量地发现。

锰结核又叫锰块团，它的颜色从黑暗到褐色，外形大多为球形，小的像豌豆，大的像土豆。切开来看，层层包裹，很像洋葱，平铺在海底，如同铺路的卵石。据初步调查，每米^{2}的海底约有60千克的锰结核，总藏量达30 000亿吨。

锰结核的开采

对于锰结核的开采，比较成功的方法有链斗法、水力升举法和空气升举法等几种。链斗法采掘机械就像旧式农用水车那样，利用绞车带动挂有许多戽斗的绳链不断地把海底锰结核采到工作船上来。水力升举法海底采矿机械，是通过输矿管道，利用水力

三 波塞冬的"藏宝阁"
——海洋矿产资源

把锰结核连泥带水地从海底吸上来。空气升举法同水力升举原理一样,直接用高压空气连泥带水地把锰结核吸到采矿工作船上来。

20世纪80年代,美国、日本、德国等国矿产企业组成的跨国公司使用这些机械,取得日产锰结核300~500吨的开采成绩。在冶炼技术方面,美国、法国、德国等国也都建成了日处理锰结核80吨以上的试验工厂。

2011年7月30日,我国"蛟龙"号载人潜水器顺利完成5000米级海上试验第四次下水任务,带回了5000米海底锰结核的画面,这也是5000米海底锰结核画面的首度曝光。"蛟龙"号同时带回5000米海底锰结核样本,使我国开发海底锰结核矿源迈出重要一步。

4 深水"石漆"——石油

早在3000多年前,《易经》就记载中国人发现了石油。当时人们在陕西的山上发现,石缝中会流出一种黑色的"漆",它又滑又能烧着,人们便把它称作"石漆"。后来,北宋科学家沈括在《梦溪笔谈》中把它命名为"石油"。

海中找石油

人类开发利用海洋石油的历史可以追溯到19世纪90年代,美国石油工人就开始在加利福尼亚州圣塔巴巴拉海湾附近进行勘探,他们甚至还建造了码头以寻找更佳的钻探点。委内瑞拉的石油工人为了钻探石油,在浅湖上搭建了类似码头的站台。1911年,

49

就有人在美国路易斯安那州喀多湖进行石油勘探，1937年，超级石油公司和纯石油公司联合在路易斯安那州卡梅伦海滩附近找到了原油。但是对于这种完全看不到目标的海底石油勘探，所有人都毫无经验，只能凭运气。此时的石油勘探钻井技术并没有出现，直到1947年，世界海底"淘金"史上的第一桶石油被科尔·麦吉公司的创始人罗伯特·科尔开采发现，人类第一次真正意义上的海底开采石油才得以成立。

延伸阅读
海洋油气资源的储量

过去的30年里，人类发现的2个重大油田都来自于海洋。目前，全球海上油气资源中，深水、超深水的资源量占到总资源量的30%~40%，已经成为国际油气勘探开发重要的阶梯区域。海洋石油的开采是未来世界能源开采的大势所趋。我国南海的油气资源极为丰富，整个南海盆地群石油地质资源量为230~300亿吨，天然气总地质资源量约为16万亿米^3，占我国油气总资源量的1/3，其中70%蕴藏于153.7万千米^{2}的深海区域。

深海采石油

也许你不会相信,人类的第一次科学钻探始源于海洋石油钻探。第一个科学钻探计划——美国的莫霍面钻探计划于20世纪50年代末启动,目的是要钻透莫霍面,即地壳和地幔的界面,实现地学研究的重大突破。此次钻探采用了CUSSI号钻探船,第一个科学钻孔于1961年3月在地拉霍亚海岸附近施工,在水深948米的海底向下钻进了315米。由于实施该计划技术难度大且费用高,1966年8月,美国国会投票否决了对该计划的拨款预算,该计划宣告终止。

1966年6月,美国科学基金会与斯克利浦斯海洋研究所签订合同,由科学基金会提供1 260万美元,实施一项以揭示海底上部地壳为目标的长期钻探计划,即深海钻探计划。该计划由地球深

"格罗马·挑战者"号科学钻探船

部取样海洋研究机构联合体实施,以斯克利浦斯海洋研究所牵头,采用"格罗马·挑战者"号科学钻探船。该计划起初由美国单独执行,后来参与该计划的有美国、法国、日本、加拿大、澳大利亚、英国、德国和代表12个国家的欧洲科学基金会, 我国于1998年春季作为"参与成员"加入,后逐渐发展成有多国参加的国际性计划。

我国能采海底石油吗

我国对于南海石油的勘探基本上集中在浅海的北部湾海域和珠江口海域,深海涉足很少。直到2012年5月9日,随着代表当今世界最先进的第六代深水半潜式钻井平台"海洋石油981"在南海海域正式开钻工作,我国南海深海勘探才正式进入倒计时。这是我国首座自主设计、建造独立进行深水油气勘探开发的钻井平台。

"海洋石油981"深水钻井平台长114米,宽89米,高117米,最大钻井深度10 000米,最大作业水深3 000米,配备了国际最先进的第三代动力定位系统,可以在南海等海域进行钻井作业。

三 波塞冬的"藏宝阁"
——海洋矿产资源

5 海底"能源水晶"——可燃冰

如果有一天,有人告诉你可以将一块冰点燃,你会惊讶吗?其实在没有阳光、没有氧气的海底世界里,存在一种白色固体物质,外形像冰雪,有极强的燃烧力,可作为上等清洁能源,主要由水分子和烃类气体分子(主要是甲烷)组成,被称为甲烷水合物,这种沉积在海底的冰块称之为"可燃冰"。

谁发现了"能源水晶"

人类第一次认识可燃冰可以上溯至19世纪初,英国科学家汉弗莱·戴维在实验室发现了天然气水合物。1934年,苏联科学家在天然气输气管道里发现了天然气水合物,起因是由于水合物的形成使得输气管道被堵塞。这一发现

53

引起了苏联人对天然气水合物的重视。1965年,苏联首次在西西伯利亚永久冻土带发现天然气水合物矿藏,并引起多国科学家的注意。

"能源水晶"在哪儿

天然气水合物主要存在于沟盆体系、陆坡体系、边缘海盆陆缘,尤其是与泥火山、热水活动、盐泥底壁及大型断裂构造有关的深海盆地中,包括扩张盆地和北极地区的永久冻土区。大西洋的85%、太平洋的95%、印度洋的96%地区中含有天然气水合物,且主要分布于海底之下200~600米。

世界上绝大部分的天然气水合物分布在海洋里。据估算,海洋里天然气水合物的资源量是陆地上的100倍以上。据最保守的统计,全世界海底天然气水合物中贮存的甲烷总量约为1.8亿亿米^3,约合1.1万亿吨。如此数量巨大的能源是人类未来动力的希望,是21世纪具有良好前景的后续能源。

2007年,我国在南海海域183米处打到了这种天然气水合物。而南海的可燃冰资源存在680亿吨油当量,相当于石油资源估计值的3倍,足够我国使用130年。2011年,我国正式启动了可燃冰的专项研究,海洋6号对发现海域进行精确测量。2013年将再次开钻,获得新的样品,探明储量。

"能源水晶"的勘探

中国地质大学(北京)联合广州海洋地质调查局在"十一五"期间,合作进行了国家863计划课题"天然气水合物的海底电磁探测技术"的海洋领域关键技术课题。该课题主要是利用海洋可控源和天然场源的电磁学方法探测海底天然气水合物藏区的电性

三 波塞冬的"藏宝阁"
—— 海洋矿产资源

异常,其基本原理是基于天然气水合物与海底沉积物的电学性质差异,通过获取目标藏区的海底电磁信息,描绘海底以下纵向及横向的电阻率变化,并结合地震、地质、地化等资料,对海底天然气水合物的储层位置和含量进行估计。

　　天然气水合物的勘探主要采用地球物理方法和地球化学方法。其中,地球物理方法包括地震勘探、测井、钻孔取样、热流测量、海洋电磁法探测等;地球化学方法包括有机化学方法、流体地球化学方法、稳定同位素化学方法、酸解烃方法、海洋沉积物热释光方法等。此外，地质勘探方法、新一代地球观测系统和自生沉积矿物学法也是天然气水合物勘探所采用的一些方法。

"能源水晶"的开采

目前，俄罗斯西伯利亚可燃冰矿藏已在开采，它只要在冷冻条件下采掘即可，我国青藏地区的可燃冰也可照此进行。而开采海洋可燃冰的思路主要有3种：第一种是减压法，就是通过人工手段降低可燃冰承受的压力，从而使其分解并释放出其中的甲烷气体；第二种是加热法，即注入热水或某种特殊的化学剂使可燃冰分解，从而释放出甲烷气体；第三种是置换法，即将二氧化碳注入可燃冰所在的地层，由于二氧化碳比甲烷更容易形成水合物，便可以用二氧化碳将甲烷置换出来。

然而，这些开采思路目前还停留在概念和实验室水平上。海底的可燃冰存在于多孔介质中，通常是较为均匀地在较大范围内遍布着。因此，如何布设管道并安全、高效地收集甲烷气体是需要特别慎重考虑的问题。

6 深海"黑烟囱"——热液硫化物

海底"黑烟囱"的形成

大洋深处有着与陆地上一样的地质现象，比如说隆起的高山，不断喷发的火山，还有让人心惊肉跳的地震。从大西洋中脊上采来的岩样已证明了这一点。海底不断流出的、炽热的、富有矿物

三 波塞冬的"藏宝阁"
——海洋矿产资源

质的海水原来来自海底像烟囱一样的山峰，它表明岩石下仍有巨大的热量，它来自相对年轻的地质构造。经过长期观察发现，海底的"火山"有如美国黄石公园的"忠实泉"一样，间歇性喷发。当灸热的海水从大洋深处的裂缝中喷发出来时，因为压力太大的原因不会沸腾，反而会很快冷却，这样包含大量锌、铜、铁、硫黄混合物和硅在喷发口附近形成大量的黑烟最后集落在海床上，形成一个又一个大小不一的"黑烟囱"。

目前，科学家已经在各大洋的 150 多处地方发现了"黑烟囱"区。它们主要集中于新生大洋的地壳上，如大洋中脊和弧后盆地扩张中心的位置上。

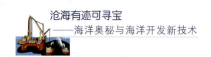

沧海有迹可寻宝
——海洋奥秘与海洋开发新技术

我国探寻"黑烟囱"之旅

2003年"大洋一号"开展了我国首次专门的海底热液硫化物调查工作,拉开了进军大洋海底多金属硫化物领域的序幕。2008年8月23—24日"大洋一号"科考船从青岛出发,东出太平洋,在东太平洋赤道海隆附近发现两处海底热液活动区,这是世界上首次在东太平洋海隆赤道附近发现海底热液活动区。此后途经巴拿马运河进入大西洋,再绕非洲南端好望角进入印度洋,经马六甲海峡进入太平洋,再经我国南海、东海,于2011年12月11日返回青岛。科考人员在此航次共发现了16处海底热液区,几乎等于中国之前已知海底热液区的总和。当地时间2012年11月1日凌晨,执行大洋26航次第五航段科考任务的"大洋一号",在南大西洋中脊发现一处海底热液活动区,并获取1.2吨多金属硫化物样品。这是中国大洋多金属硫化物资源调查历史上单次成功获得多金属硫化物样品量最多的一次,也是获取样品类型最为丰富的作业之一。

四 蓝色星球的"魔法棒"
——海洋可再生能源

沧海有迹可寻宝
——海洋奥秘与海洋开发新技术

小故事

百慕大三角海区之谜

在大西洋的百慕大群岛附近,有一个被称为"百慕大三角"的海区,它从佛罗里达海峡往东北方向到百慕大,再南下到波罗黎各的圣胡安群岛,然后又折回到佛罗里达,在这个三角洲海区,曾有200多艘船只、上百架飞机神奇失踪。如1918年3月4日,一艘近2万吨的油轮"独眼神"号连同309名旅客、船员在此失踪,美国海军出动飞机、军舰百寻不见……是什么原因造成这些飞机、船舶失踪呢? 1963年4月9日,美国"长尾鲨"号核潜艇大修后试航,在它的身后有"云雀"号潜艇救生舰尾随其后进行随行护航,随着舰队逐渐地驶进百慕大海区时,上午9:12核潜艇上浮,9:17"云雀"号收到潜艇发来的求救警报:"我艇已超过安全潜航深度,情况危急"不久,"云雀"号的声呐就听到类似铁缸被压碎的声音,此后就再也听不到该潜艇的任何声音了。未查明潜艇失事真相,美国派出"德里雅斯特"号深潜艇去寻找,在该海域2700米的海底只找到一条热水管和一只艇员的塑料鞋罩,证明了该核潜艇确实在此海域失事。可是究其原因,科学家认为是该海域"海底飓风"将其拉入海底并压碎的。而"海底飓风"则是该海域海区的"中尺度涡旋"引起的,由于这种"中尺度涡旋"是旋转移动的,其能量极大,与飓风相似,因此被海洋学家喻为"海底飓风"。

四 蓝色星球的"魔法棒"
——海洋可再生能源

百慕大三角遍布直径达数十千米,以至数百千米的"中尺度涡旋",从涡旋边缘到底部可深达百米,一个涡旋的总能量可达 4 500 万焦耳,相当于一个中等飓风的能量,核潜艇碰上它,就会被拉入海底压成碎片。仅仅一个"中尺度涡旋"就有如此可怕的巨大能量,海洋中蕴藏的能量该是怎样大的天文数字啊!

1 驾驭风之精灵——风能

堂吉诃德战胜了风车吗

在西班牙作家塞万提斯写的《堂吉诃德传》中,骑士堂吉诃德走出客店把旋转的风车当做巨人,冲上去和它大战一场,结果弄得遍体鳞伤。其实,人类利用风能的历史可以追溯到公元前。公元前2世纪,古波斯人就利用垂直轴风车碾米;10世纪,伊斯兰人用风车提水;11世纪,风车在中东已获得广泛的应用;13世纪,风车传至欧洲;14世纪,已成为欧洲不可缺少的原动机。在荷兰,风车先用于莱茵河三角洲湖地和低湿地的汲水,以后又用于榨油和锯木。但早期人类利用风能多半建设在陆地之上,对于真正意义的海上风场利用,却是到了近代才得以发展。

早在1974年,美国就开始实行联邦风能计划。目前,美国已成为世界上风力机装机容量最多的国家,超过2×10^4兆瓦,每年还以10%的速度增长。

我国风能的利用

中国是世界上最早利用风能的国家之一,公元前数世纪中国人民就利用风力提水。灌溉、磨面、舂米,用风帆推动船舶前进。到了宋朝更是中国应用风车的全盛时代,当时流行的垂直轴风车一直沿用至今。

目前,我国首个海上风电示范项目位于上海东海大桥旁,实际采用的全部是单机3兆瓦机组,但理论上最适合海上风电的是单机容量5兆瓦及以上的机组。

除了风能发电技术,风能淡化海水技术也在研发当中。海水淡化无论是何种技术,最主要的运行管理表现为电耗,而对于化石燃料(如煤)发电作提供的电能并不是清洁能源,会在使用过程中产生二氧化碳。所以,就近利用风电进行海水淡化成了清洁能源的理想组合。浙江大学舟山海洋研究中心承担的浙江省公益性技术应用研究项目"太阳能-风能多级鼓泡蒸发海水淡化装置研制及示范"取得成效,该装置目前一天能产淡水2吨,产水能效比达到3.0以上,达到国内领先水平,生产成本每吨4.5元。

海上风机

目前海上风机桩基技术一般采用固定式,与陆地上技术差不多,只是桩基深度不一,采用的固定模式不一样。成熟的桩基技术有单桩、重力式及三脚架基座。浮动式桩基仍在实验中,没有大规模使用。在深海海上风机装载中,一般采用重力式基座及三脚架基座。除了桩基有别于陆地以外,在零部件方面,大致上与陆地风电一样,但对于零件要求具备防海水腐蚀的性能。

2 海洋能量库——波浪

波浪中有巨大的能量

站在海岸面向大海时,你总会觉得海浪是迎你而来,这是因为海岸海水越浅,波浪的速度越慢,使得海浪的传播方向垂直于海岸线。其实,在远离海岸的大海深处,海浪的行进方向取决于海风与海流的方向,并不一定是迎你而来的。

全世界波浪能的理论估算值为10亿千瓦量级。利用中国沿海海洋观测台站资料估算得到,中国沿海理论波浪年平均功率约为1 300万千瓦。但由于不少海洋台站的观测地点处于内湾或风浪较小位置,故实际的沿海波浪功率要大于实测值,其中浙江、福建、广东和台湾沿海为波浪能丰富的地区。

波浪的利用

人类利用波浪发电的装置最早为气动式波力装置,这种装置就是利用波浪上下起伏的力量,通过压缩空气从而推动桶中的活塞反复运动而做功,并将其转换成电能。

波浪能利用发展到现在,根据国际上最新的分类,波浪能技术分为振荡水柱技术、振荡浮子技术和越浪技术。

目前,波浪能利用的研究多用于抽水、供热、海水淡化以及制氢。波浪能利用中的关键技术主要包括波浪的聚集与相位控制技术、波浪能装置的波浪载荷及在海洋环境中的生存技术、波浪能装置建造与施工中的海洋工程技术、不规则波浪中的波浪能装置的设计与运行优化、往复流动中的透平研究等。

3 朝生为潮，夕生为汐——潮汐

不都是月亮惹的祸

凯撒大帝在偷袭不列颠时，由于没有考虑到潮汐发生的时间使得自己的船队全部被卷走。其实，早在公元前300年时，古希腊探险家费萨斯驾船驶出地中海，他横渡了大西洋、不列颠群岛，然后到达斯堪的纳维亚。航行过程中，他目睹了海水的潮涨潮落作了详细的记录，同时根据自己的知识，对这一现象提出了自己的观点。古希腊哲学家柏拉图认为，地球和人一样也要呼吸，潮汐就是地球的呼吸。他猜想这是由于地下岩穴中的振动造成的，就像人的心脏跳动一样。

对于潮汐的理解在我国古代很多文献中都有记载，如我国古书上说："大海之水，朝生为潮，夕生为汐。"它的发生和太阳、月球都有关系，也和我国传统农历对应。我国古代余道安在《海潮图序》一书中说："潮之涨落，海非增减，盖月之所临，则之往从之。"汉代思想家王充在《论衡》中写到："涛之起也，随月盛衰。"他们都指出了潮汐与月球有关系。

随着人们对潮汐现象的不断观察，对潮汐现象的真正原因逐渐有了认识。到了17世纪80年代，英国科学家牛顿发现了万有引力定律以后，提出了潮汐是由于月球和太阳对海水的吸引力引起的假设，从而科学地解释了潮汐产生的原因。

潮汐的类型

按照潮汐周期可将潮汐分为半日潮型、全日潮型和混合潮型3类。半日潮型即一个太阳日内出现2次高潮和2次低潮,前一次高潮和低潮的潮差与后一次高潮和低潮的潮差大致相同,涨潮过程和落潮过程的时间也几乎相等(6小时12.5分)。我国渤海、东海、黄海的多数地点为半日潮型,如大沽、青岛、厦门等。全日潮型即一个太阳日内只有1次高潮和1次低潮。南海的北部湾是世界上典型的全日潮型海区。混合潮型即1个月内有些日子出现2次高潮和2次低潮,但2次高潮和低潮的潮差相差较大,涨潮过程和落潮过程的时间也不等;而另一些日子则出现1次高潮和1次低潮。我国南海多数地点属混合潮型。

潮汐能电到你

人类利用潮汐从最初的捕鱼、制盐、海洋生物养殖、发展航运到后来的军事行动等，随着人们对潮汐能的不断了解，利用潮汐能发电成为人类利用潮汐能的新方式。

潮汐能发电与普通水力发电原理类似，通过出水库，在涨潮时将海水储存在水库内，以势能的形式保存，然后在落潮时放出海水，利用高、低潮位之间的落差，推动水轮机旋转，带动发电机发电。差别在于海水与河水不同，蓄积的海水落差不大，但流量较大，并且呈间歇性，从而潮汐能发电的水轮机结构要适合低水头、大流量的特点。潮汐能发电最主要的技术仍旧是对于潮汐规律的了解掌握，只要很好地了解它的规律，不断去寻找最佳的设计方案，才能更大限度地利用好这个清洁、可再生能源，做到开发、保护两不误。

2010年12月14日，国内首个潮汐能发电基地落户广东东莞。该项目研发中心设在松山湖，生产基地则放在虎门港附近。该项目的实施也成为我国潮汐能发电技术新的里程碑。

4 小差别，大能量——温差、盐差

阿松瓦尔的设想

1881年，法国生物物理学家德·阿松瓦尔就曾提出利用上层海水热、下层海水冷的温差来发电的想法。直到20世纪20年代中期，法国科学院建立世界上第一个实验温差发电站，才将阿松瓦尔的设想变为现实。

对于海水温差发电，美国及欧洲国家起源较早，是世界上最早修建海水温差发电站的国家。目前，中国在此领域上处于研究阶段，但对于温差发电，其实在我国的"嫦娥3号"卫星上就已利用卫星向日面热、背日面冷的温差，实现温差发电，而在海洋却还处于实验阶段。

能量巨大的盐差能

盐度差多存在于江河入海口，由于江河水是淡水，而海水盐度高，故海水渗透压力差大得惊人，有的地方相当于垂直240米的水位差。因此，开发利用盐差能成为21世纪努力的目标，早在20世纪初海洋盐差能发电的设想就由美国人首先提出。据估算，地球上存在着 26×10^8 千瓦可利用的盐差能，其能量甚至比温差能还要大。

我国盐差能知多少

在我国，因其海岸线漫长，入海的江河众多，入海的径流量巨大，在沿岸各江河入海口附近蕴藏着丰富的盐差能资源。据统计，我国沿岸全部江河多年平均入海径流量为 $1.7 \times 10^{12} \sim 1.8 \times 10^{12}$ 米^3，各主要江河的年入海径流量为 $1.5 \times 10^{12} \sim 1.6 \times 10^{12}$ 米^3，据计算，我国沿岸盐差能资源蕴藏量约为 3.9×10^{15} 千焦，理论功率约为 1.25×10^8 千瓦，特别是上海和广东附近的资源量分别占全国的59.2%和20%。

小知识

压力延缓渗透

任何液体都具有渗透性，即低浓度液体会自然向高浓度液体渗透，在这一渗透过程中就会产生压力。这项被称作"压力延缓渗透"的技术,正是利用了海水和淡水的盐度差产生压力,将一层半透膜放在不同盐度的两种海水之间,通过这个膜会产生一个压力梯度,迫使水从盐度低的一侧通过膜向盐度高的一侧渗透,从而稀释高盐度的水,直到膜两侧水的盐度相等为止。在这一流动过程中驱动涡轮发电机,从而转化成电能。目前这种技术被广泛地运用于海水盐差发电中。2009年,世界上首个采用"压力延缓渗透"技术、利用盐差能发电站在挪威落成,很多国家也陆续着手研究开发这种新能源。

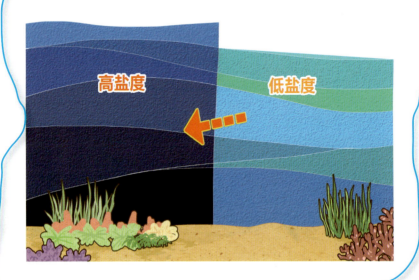

生物制氢

氢气是目前人类世界中已知的最轻的气体,位于化学元素表的最前端,这是因为它的质量非常小。当然,氢气也是个大家族,在自然界中存在氕(氢-1)、氘(氢-2)、氚(氢-3)3种同位素,而科学家也已经人工合成了它的近亲同位素,即氢-4、氢-5、氢-6及氢-7。在化学史上,人们把氢元素的发现与氢和氧的结合物称之为化合物而为非元素这两项重大成就,归功于英国化学家卡文迪许。

生物制氢是利用生物自身的代谢作用将有机质或水转化为氢气,实现能源产出。1931年,斯蒂芬森等首次报道了在细菌中含有氢酶的存在后,那卡姆拉在1937年观察到光合细菌在黑暗条件下的放氢现象;1949年,报道了深红螺菌在光照条件下的产氢和固氮现象;随后刘易斯于1966年提出了利用生物制氢的概念。生物制氢作为生物自身新陈代谢的结果,生成氢气的反应可以在常温、常压的暖和条件下进行,同时生物制氢可采用工农业废弃物和各种工业污水为原料,原料成本低,可以实现废物利用和能源供给与环境保护多重目标而备受重视。

我国生物制氢技术已成熟

目前,我国海洋生物制氢多为海洋藻类,如从海藻种质资源中筛选到一株具有较高产氢能力的可以光解海水制氢海洋绿藻——亚心型扁藻。当然氢的产量并不是单一依靠一种藻类，它的效率会跟周围很多因素如温度、盐度、光照等息息相关，同时国内的海洋生物制氢技术往往受到研究条件及设备的限制，虽然在实验研究阶段产氢率较大，但长时间只有试验数据。目前对于海水养殖废水制氢技术也已渐趋成熟。

最新海洋生物制氢技术

据报道，韩国国土海洋部2012年6月20日表示，韩国海洋研究院在世界上首次开发出海洋生物氢气技术，即利用生活在太平洋深海海底的微生物"超嗜热古细菌"将一氧化碳转换为氢气。

研究院的一位有关负责人表示："这种技术的效率最高可以达到目前采用的厌氧细菌的15倍。"如果在2018年之前确保量产技术并实现商用化，预计每年可以生产1万吨氢气，这些氢气可供5万辆氢燃料汽车运行1年。

五　人类的第二生存空间

小故事

幽灵岛之谜

长年累月在一望无际的海洋上航行，头上顶的是火辣辣的太阳，脚下踏的是颠簸起伏的甲板，海员们都盼望着看到陆地，哪怕是在那坚实不摇的土地上站上一会儿，他们也会感到心满意足。而跟海员的希望相一致的是船上的航海家，但他们的想法却是要发现新的海岛——这就是《幽灵岛》一书故事的背景。而航海家后来真的在太平洋上发现了一个真实的、在海图上没有记录的新岛。于是全船人都为之兴奋，航海家测出了新岛的精确位置，然后继续航行。但在返程时他们却傻了眼——新岛失踪了！海员们因此把这个"新岛"称为"幽灵岛"。

1990年夏季，美军也遇上了类似的蹊跷事：美军为了与他们发射的军事卫星保持联系，偷偷地在南太平洋一个500米^{2}的无名珊瑚岛上安装了海面遥感监测器，成为"谍岛"，以接收卫星传来的苏联军事情报。这个监测器在"谍岛"上一向运作良好，但在1990年夏季，监测器突然消失了！起初，美军以为是苏联克格勃摧毁了监测器。但派军舰搜索时却发现，连珊瑚"谍岛"都失踪了！直到一年后，美军才发现珊瑚"谍岛"的失踪与克格勃毫无关系。原来，在该海域新出现了一种大海星，其外形似圆盘，直径达1米多，有16个尖爪，嗜食珊瑚，喜欢集体行动，被当地人称为"水中飞碟"。一只大海星一昼夜可吃 2 米^2 的珊瑚礁。美军的遥感监测珊瑚"谍岛"以及 1990 年秋季澳大利亚在该海域失踪的另外两个珊瑚岛,就是被大海星吃掉了根部而被海浪卷走或击碎了。

幽灵岛

沧海有迹可寻宝
——海洋奥秘与海洋开发新技术

1 世界最长跨海大桥——港珠澳大桥

世界最长的桥隧组合工程

港珠澳大桥是一座连接香港、珠海和澳门的巨大桥梁，主线桥隧工程总长约 50 千米，是世界最长的桥隧组合工程。其工程建设内容包括港珠澳大桥主体工程、香港口岸、珠海口岸、澳门口岸、香港接线以及珠海接线。大桥主体工程采用桥隧组合方式，总长约 29.6 千米，东起自粤港分界线，西止于珠海／澳门口岸人工岛，穿越伶仃西航道和铜鼓航道段约 6 千米，采用隧道方案，其余约 22.9 千米段采用桥梁方案，包括青州航道桥、江海直达船航道桥、九州航道桥和非通航孔桥。为实现桥隧转换和设置隧道通风井，主体工程隧道两端各设置一个海中人工岛，东、西人工岛各长约 625 米，造陆面积各约为 10 万米^2。

港珠澳大桥建设特点

（1）技术标准及要求高。设计寿命为 120 年，综合技术标准高；地处台风区，平均每年遭遇 1.8 个台风影响，最大风速在 12 级以上。

（2）技术覆盖面广，涵盖专业多。大桥涵盖了交通行业内桥、岛、隧、路等各项工程专业，是我国首座集桥、岛、隧一体化的世界级交通集群工程，它对水工、路桥、隧道等多专业的集成和综合运用将迈入一个崭新的阶段。

（3）岛隧关键技术具有世界级难度。隧道工程为我国第一条在外海修建的海底沉管隧道，沉管隧道长度居世界之首；隧道人工岛为外海离岸人工岛，岛隧总体规模和难度为世界之最，场区风浪条件及地质条件挑战大，岛隧控制沉降、控制裂缝及防渗等技术具有世界级难度。

（4）港珠澳大桥主体工程桥、岛、隧将更新建设理念，采用大型化、工厂化、标准化、装配化的理念和方法开展设计、施工，赶超世界先进水平。

海底绣花

在茫茫伶仃洋的海底开挖 5.6 千米的隧道，从珠江主航道下穿过，"精"是这项工程的关键词。误差为 0~0.5 米！这个误差绝对属于"精密"，高质量标准的隧道基槽精挖，就如同海底

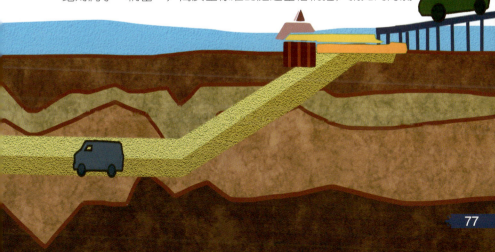

绣花。因此，港珠澳大桥海底沉管隧道基槽被称为是世界上同类工程中难度最大的。

负责"绣花"的是中交广航局的两艘挖泥船"广州"号和"金雄"号。"广州"号上有2个巨型耙头从海里缓缓提升至海面，通过粗黑管与船上的泥仓相连，泥仓里不断有多余的海水被排出。"广州"号边吸泥、边航行，由置于船舷的耙头松土、吸入泥浆，通过管路把泥浆传送到船中设置的开底泥舱，经沉淀后把泥水分离。"广州"号40分钟就能装满5 250米^{3}的泥，但随后需航行30海里（1海里=1 852米）到大万山岛将泥倾倒，来回得花上五六个小时，所以一天大概装3船。

另一艘基槽开挖作业船"金雄"号是抓斗式专用精挖船，往

海水

淤泥

黏土及粉质黏土

沙

海底抛锚固定船身后即原地作业，4 条粗钢丝把 9 米高、110 吨重的抓斗从海底拉起后，泥浆被倾倒在预备好的载泥船上后再运走。"金雄"号的精挖武器——平挖控制箱，里面是精密的集成器。

高难度的沉管预制

港珠澳大桥沉管隧道每个标准管节 180 米长由 8 个节段组成，每节长 22.5 米、宽 37.95 米、高 11.4 米、重达 7.4 万吨。

牛头岛崭新的钢结构管预制厂有 2 条预制生产线，整个预制过程分为底板钢筋绑扎、侧墙及中隔墙钢筋绑扎、顶板钢筋绑扎、模板安装和混凝土浇筑 5 道工序。每经历一次这 5 道工序，已预制的沉管就会向前顶推 22.5 米，进行下一个节段的流水浇筑，直至完成整个管节 180 米的浇筑。这时，整个管节将被顶推至浅坞区，

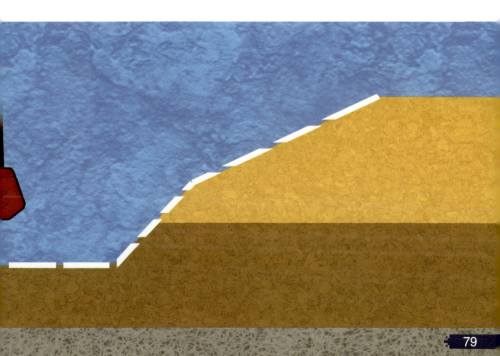

随后关闭浅坞钢闸门和深坞浮坞门进行蓄水,沉管将起浮并通过绞缆系统横移至深坞。在深浅坞内,沉管还要进行舾装的工作,待一切就绪后,打开深坞通往大海的闸门,便可用拖轮牵引沉管出坞,运到安装地点等待安装。港珠澳大桥设计寿命是120年,这要求沉管不能有任何缺陷,预制过程中一个小环节出错都足以让整段沉管报废。预制如此庞大的混凝土,要防止它有裂缝这真是具有世界级的难度。

沉管的运装当属世界级难题。由于沉管为矩形体,重量大、吃水深,在水中拖带的航行阻力巨大。届时将采用头尾分点布置、拖顶结合的方式,将沉管从桂山岛沉管预制厂拖到十多千米外的施工海域,与东、西岛现浇暗埋段完美对接,实现"深海之吻"。

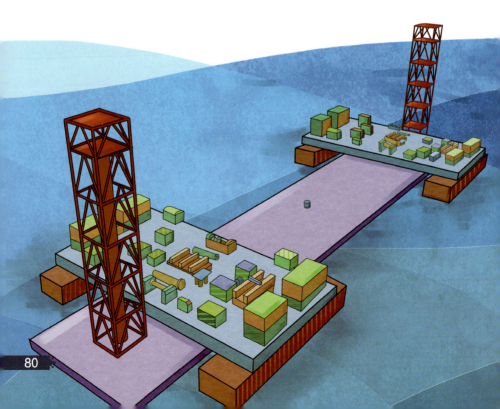

2 海上生明珠——人工岛

南海上的精卫填海

很久以前,神农炎帝的小女儿去东海边游玩,不小心淹死了,为了让后人不再被淹死,她决心填平东海,于是变成一种叫"精卫"的鸟,住在附近的一座山上,年复一年,日复一日,千里迢迢地把山上的小树枝和小石头,用嘴叼来填塞东海,进行中国历史上最早的填海工程。

如今在中国南海,从一片汪洋到石堤出水,港珠澳大桥的建设者正在完成着这样一个精卫填海的神话。大桥工程将分别在珠江口伶仃洋海域南北两侧,通过填海建造 2 个人工岛。这 2 个人工岛设计长度均为 625 米,最宽处分别为 183 米和 225 米,面积约为 10 万米^2。车辆驶上大桥行驶至此路段时,将通过人工岛进入海底隧道,再从另一个人工岛驶出重新上桥。人工岛间将通过海底隧道予以连接,隧道、桥梁间通过人工岛完美结合,两者之间的转换采取点、线、面相结合方式。人工岛外形上采用蚝贝型,昭示它将在大海中活力奔放,既是"中转站",又是"艺术品"!人工岛将成为集交通、管理、服务、救援和观光功能为一体的综合运营中心,除了岛上构筑物的造型美观外,还将重视岛区范围内的绿化工程,在海景较美的地方设置观景平台。

建造人工岛好比制造杯子

要在海上建造一个人工岛,原理就好比制造一只杯子,只有先造好杯子的壁边,里边才能装东西,建造岛屿也是一样。而钢圆筒就是海上人工岛的岛壁,作为人工岛围护的重要止水结构。

施工的过程非常讲究技术,以首个钢圆筒为例,这个直径 22 米、高 41 米、重 450 吨的钢圆筒,是国内直径最大、高度最高的钢圆筒结构,也是世界上体量最大的钢圆筒结构。它在上海振华重工长兴岛基地加工,通过大型运输船运至现场,然后重船吊专用振沉系统从运输船上吊装钢圆筒,精确定位及垂直度调整控制,达到设计标准精度进行振沉。钢圆筒自下沉开始至振沉结束,采用"钢圆筒施工定位监测系统"实时监控钢圆筒振沉过程中的姿态,及时进行调整和纠偏。顺利振沉的首个钢圆筒,平面定位准确,

人工岛流程

而且将垂直度偏差控制在 1/500，创造了钢圆筒振沉施工垂直偏差控制的世界纪录。

钢圆筒振沉插入海底泥面后，筒壁之间不能紧密闭合，要用两片钢板（副格）把钢圆筒夹起来，形成长扇贝形的围合岛壁，就像柱子一样将人工岛围起来，在海面上形成一个稳固的止水区域，然后往钢圆筒中间填沙，钢圆筒铸就的围堰仿佛钢铁长城紧紧护卫着人工岛。港珠澳大桥岛隧工程人工岛围护结构由 120 个直径 22 米、单体重约 500 吨的钢圆筒，并使用了 242 副格振沉，根据海床地质情况，每个圆筒的高度为 40.5~50.5 米不等，设计垂直精度偏差为 1/200，在人工岛岛壁结构施工中创下了钢圆筒筒体量、高度垂直精度和万吨轮运载等多项世界纪录，其中施工工法和八锤联动液压振动锤为世界首创。

链接

海上人工岛

人工岛是人们出于各种目的在海上人工建造的陆地。其种类比较多，如海上工厂、海上机场、海上城市等。根据建造方法的不同，可以分为填海式、桩基式和浮动式等几大类。

3 海上明珠——香港国际机场

飞机场占地面积大，飞机起降噪声大和废气多。为了节约土地，保护环境，沿海地区的人们想出了好办法解决这个问题，那就是利用海上优势把机场建到大海上。在海上建机场，可以让飞机在远离城市的海上起降，不会对周围居民和环境造成影响。海上机场和陆地上的机场一样，也有漂亮的候机厅和宽阔的跑道。

海上机场如何建造

海上机场的建造方式有填海式、浮体式、围海式和栈桥式4种类型。世界上最早的海上机场是日本于1975年建造的长崎海上机场，它和美国的夏威夷机场、新加坡的樟宜机场等都是用填海办法建造的海上空港。栈桥式机场采取栈桥建造技术，就是先将钢桩打入海底，在钢桩上建造高出海平面一定高度的桥墩，在桥墩上建造飞机场。在美国纽约的拉爪地区的机场跑道，就是利用这种技术建造的。浮动式机场是漂浮在海面上的一种机场，日本建造的关西新机场是一座现代化的大型海上浮动机场。该机场位于大阪湾东南部离岸5千米的泉州海上，靠半潜式钢制浮球支撑。机场高出海面15米，面积相当于700个足球场，是世界上最大的浮动式海上机场。

香港国际机场

现在，当人们乘坐飞机抵达"东方之珠"香港时，飞机降落在赤鱲角国际机场，它坐落于大屿山赤鱲角，占地1 248公顷，面积较旧启德机场大 4 倍,由赤鱲角和附近面积为 8 公顷的榄洲岛铲平而连成 1 326 公顷的填海地建成。香港国际机场曾被评为"20 世纪全球十大建筑"之一,3/4 是填海而成,需要 1.8 亿米^3 的填海材料。在弹丸之地的香港是个奇迹,单是客运大楼就占地 51 万米^2,相当于 86 个足球场,是世界上最大的建筑物之一。

香港国际机场

沧海有迹可寻宝
——海洋奥秘与海洋开发新技术

4 深海生命线
——海底光（电）缆

跨越琼州海峡的海底电缆

在琼州海峡近百米深的海底，有一条被誉为"深海生命线"的海底电缆，为海南岛送去万家灯火。这条32千米长的海底电缆，是我国首个500千伏超高压、长距离、大容量的跨海联网工程的核心设备。它把大陆电网与海南电网连接起来，结束了海南电网"孤岛"运行的历史。那么世界最长的海底电缆究竟是什么样？是如何选择到这样的海底电缆，长达32千米而中间又无接头的海底电缆又是怎样敷设的？

海底电缆单条长度创世界之最

该工程敷设的3根电缆，均采用充油海底电缆，是目前世界上单条最长距离较大容量的超高压海底电缆，每根全长约32千米，中间没有接头。

电缆生产经过十几道工序，由于中间没有接头，要求连续生产，特别是绕包纸绝缘层，计算非常精密，铅合金护套32千米中间不能中断或停顿。从电缆横断面上看，海底电缆由15层组成，包括加强层、防蛀层、绝缘层等。

海底电缆跨海施工的工艺流程技术含量高，是施工中最关键的环节。该工艺流程为：接缆—扫海—始端登陆施工—海中电缆施工—终端登陆施工。整个过程分为浅滩段（广东南岭侧）敷设、深海段敷设和海南林诗岛侧敷设。

负责海底电缆敷设的是一艘由挪威公司特制的"船"，这种船目前世界上仅有2艘，专门用来运载和敷设电缆，载重能力近8 000吨，有自航能力，有侧向动力定位系统，能保证电缆精确敷设到预定位置。

海底光缆

只要你在上网，你就会用到光纤。这些头发丝般粗细的石英玻璃光导纤维影响着几十亿人的生活。

2006年12月26日20：25，我国台湾省南部海域发生7.2级海底地震，造成该海域13条国际海底光缆受损，致使我国至欧洲大部分地区和南亚部分地区的语音通信接通率下降；至欧洲、南亚地区的数据专线大量中断；互联网大面积拥塞、瘫痪，雅虎、MSN等国际网站无法访问，1 500万MSN用户长期无法登陆，1亿多中国网民一个多月无法正常上网，日本、韩国、新加坡等地网民也受到影响。5艘海底光缆维修船经过一个月努力，才将断裂的海底光

缆修复。

据不完全统计，1987—2001年，全世界大大小小总共建设了170多个海底光缆系统，总长近亿千米，大约有130个国家通过海底光缆联网。目前，全世界超过80%的通信流量都由海底光缆承担，最先进的光缆每秒钟可以传输7T数据，几乎相当于普通1M家用网络带宽的730万倍。通过太平洋的海底光缆已经有5条，每天有数亿网民使用这些线路。

汕头海底光缆登陆站是目前中国规模最大的海底光缆登陆站，共有亚欧、中美和亚太3个系统6条国际海底光缆，经过34个国家和地区，连接36个世界运营商，涉及面相当广。

如何敷设海底电缆

这么长的海底电缆是如何敷设的？首先在敷设时，电缆敷设船停在距离海岸，从船尾"吐"出海底电缆，将其放置在浮包上，再通过岸上的牵引机牵引上岸，电缆上岸后拆除浮包，使电缆下沉至海底。

在深海段施工时，将采取电缆船铺缆，由于电缆敷设时要一次性把一根电缆完全敷设到海底，因此在敷设过程中，通过水下监视器和遥控车监视和调整，控制敷设船的航行速度、电缆释放

速度来控制电缆的入水角度以及敷设张力,避免由于弯曲半径过小或张力过大而损伤电缆。

而在沙地及淤泥区,进行高压冲水形成一条大约2米深的沟槽,将电缆埋入其中,随后用旁边的沙土将其覆盖,达到保护电缆的目的;在珊瑚礁及黏土区,则使用切割机切割一条0.6~1.2米深的沟槽,然后把电缆埋入沟槽,再覆盖上水泥盖板等硬质物体进行保护。

5 海底仓库

食品储藏引起的设想

很早以前就有人把大米、黄酒之类的食品盛放在陶瓷容器内,经密封后沉入湖底或井底储藏起来,如此一来便可以长期保存。用这种方法保存的大米所煮成的米饭特别好吃,黄酒则香味更加醇郁,这可以算是

水下仓库的一种雏形。水下为什么能储存物品呢?这是因为水下温度低、变化小,食品不容易发生霉变。据一些科学家研究,在温度15℃、相对湿度70%~80%的条件下长期存放的大米质量不会有明显的下降。因此,很早以前就有人提出了在海底建立粮库的设想,把大米、小麦之类易霉、易腐的食品放到海底仓库里长期保存起来。另外,一些易燃、易爆的危险品,由于对存放环境的要求很高,特别是存放的温度既不能高、变化也不能大,否则就有可能发生燃烧或爆炸。于是,人们又想到要在海底建造油库和液化气仓库。总之远离居民区的海底空间,由于具有温度较低、变化又比较平缓等特点,故既适合于存放石油、天然气、炸药等易燃易爆的危险品,也适合于储备大米、小麦等易霉易腐的食品。所以,随着海洋工程技术的发展,建造海底仓库的呼声越来越高,近年来海底仓库的兴建特别令人瞩目。

海底仓库方兴未艾

美国在波斯湾离岸100千米的海上建造了一个无底的贮油罐,可以贮油6.8万米^3。装油时原油从上部的进油口泵入罐内,海水就从下方流向海中。而在抽油装船时原油从上部出油口被泵出,海水又从罐底补充进入罐内。在海底储藏粮食的计划也很吸引人,日本已经提出了一个在水深50~70米的地方建造海底粮食储备基地的设想。该储备基地由容积为3000米^{3}的6个大型粮桶所组成,粮桶的上方装有通往运输船的装卸设施。我国与芬兰合资在青岛建成了一个大型贮木场,这个贮木场占有3万米^{2}面积的水域,可储存1万多米^{3}的木材。海上贮木是目前世界上的一项新技术,它既利用了海洋空间而节省了土地,又避免了木材因受阳光暴晒而造成的损失。

六　巡洋五大法宝

珍珠港事件

在广袤深邃的海洋中，由于海水的阻隔，视觉已经失去了观测水下环境的作用，声音反而成为海洋动物探测周围情况的利器。比如，水母能听到几千米以外由风暴潮发出的次声波，从而及早躲避开风暴潮的袭击；海豚能发出超声波探测远处的目标，以辨别游来的巨物是必须躲避的鲨鱼还是温顺的鲸鱼。人类向海洋动物学习，也制造出了监听远处声音的"声呐"（水下听音器），这种设备在水中听音特别管用，因为海水里有特殊的"声道"，能把远在数千米以外的声音传到水下听音器里。

但凡事有例外，在二次世界大战中，美军之所以在日军袭击珍珠港的战役中吃了大亏，其原因之一就是日军利用了美军水下听音器无法辨音的弱点。据说，早在1942年12月之前几个月，日本就偷偷地把一种小小的弹指虾移到珍珠港附近海域，这种弹指虾的体长2~3厘米，会发出弹指的声音，虽然一只弹指虾的声音不大，但如果一大群弹指虾在一起，那声音就足以扰乱美军水下听音器的监测了。由于珍珠港是美军基地，食饵很多，所以弹指虾很快就在珍珠港周围海域繁殖起来。就在12月7日凌晨，当潜艇、舰队逼近珍珠港时，其声响竟被弹指虾群的喧嚣声屏蔽了，使美军毫无察觉，从而导致美国太平洋舰队遭受了灭顶之灾，只有几艘航母由于没有停泊在珍珠港而幸免于难。

这也是美国海军有史以来最大的惨败。由此可见,海洋监测技术是多么重要!

1 你是我的眼——海洋遥感技术

监测海洋的"天眼"

海洋遥感是利用传感器对海洋进行远距离非接触观测获取海洋现象和海洋要素的图像和数据资料,具有同步、大范围、实时获取资料的能力。海洋遥感观测频率高,可把大尺度海洋现象记录下来,并能进行动态观测和海况预报。其具备全天时、全天候

海洋遥感卫星

工作能力和穿云透雾的能力，并具有一定的透视海水能力，能够获取海水较深部的信息。海洋遥感就像时刻监测海洋的"天眼"，为人们有效地认识海洋提供了重要的手段。世界上主要投入使用的海洋遥感卫星有 NOAA、GMS、LANDSAT、SEASAT、GEOSAT、ERS-2 等。

我国海洋的"天眼"

我国的发展目标是建起一整套海洋卫星体系，它包括3个卫星系列，分别是海洋1号A星（海洋水色卫星系列）、海洋1号B星（海洋动力环境卫星系列）和海洋2号A星（海洋监测卫星系列），我国正形成以卫星为主导的立体海洋空间监测网。到2020年，我国将发射8颗海洋系列卫星，其中包括4颗海洋水色卫星、2颗海洋动力环境卫星和2颗海洋监测卫星，形成对我国全部管辖海域乃至全球海洋水色环境和动力环境遥感监测的能力。同时，也加强对我国黄岩岛、钓鱼岛以及西沙、中沙和南沙群岛全部岛屿附近海域的监测。

我国已发射3颗海洋卫星

2002年5月15日，我国第1颗海洋卫星——海洋1号A星升空。该卫星质量为368千克，以可见光、红外探测水色和水温为主，设计寿命为2年。科研人员利用海洋1号A星数据制作了52幅我国黄河、长江、珠江三大河口地区的资源调查和植被分类图、岸线动态变化图、河口悬浮泥沙分级图等，监测到我国沿海发生的赤潮灾害16次，对我国渤海每年冬季3个月左右的结冰期进行了海冰预报，并获取了大量南北极冰盖数据，为科学考察提供了基础数据。

2007年4月11日，我国第2颗海洋卫星——海洋1号B星升空。

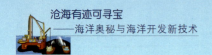

它是海洋1号A星的后续星,质量为442千克。该卫星用于接替已到寿命的海洋1号A星,对我国所管辖的近 3×10^6 千米^2 海域的水色环境实施大面积、实时和动态监测,并具备对世界各大洋和南北极区的探测能力。与海洋1号A星相比,由于寿命延长、性能提高,海洋1号B星提供的信息量增加了3倍以上,使用价值成倍增长。

2011年8月17日,我国第1颗海洋动力环境卫星——海洋2号A星升空。海洋2号A星是中型卫星,质量1575千克,集主动、被动微波遥感器于一体,具有高精度测轨、定轨能力与全天候、全天时、全球探测能力,使我国首次具备了全天候、全天时观测海洋的能力。它运行在太阳同步轨道,2天即可实现对全球90%海面的观测,主要使命是监测和调查海洋环境,获得包括海面风场、浪高、海流、海面温度等多种海洋动力环境参数,可直接为灾害性海况预警预报提供实测数据。

2 海龟回家带GPS
——全球卫星导航定位系统

你在哪儿我知道

2012年,南海生物资源增殖放流暨第五届广东"休渔放生节"活动在惠州市惠东县巽寮湾举行。133只海龟,600万尾海水鱼、虾苗被放生大海。放生的海龟,有由惠东港口海龟国家级自然保护区孵化和培育的,也有受伤获救的。

放生的海龟中有一只已经是 200 岁的绿海龟，重达 200 千克，长 1 米多，是被当地的渔民捕到的。当时，它因长时间被卡在渔网里而陷入了昏迷状态，经过紧急抢救才慢慢苏醒过来，现在已完全康复。为进一步保护好这些海龟，工作人员在 5 只大海龟的龟壳顶端，用对龟无伤害的树脂胶粘贴上一种防水的 GPS 的发射天线，这些天线使用寿命约为 1 年。在这一年里，研究人员可以随时通过仪器跟测到它们的游走线路，从而进行跟踪式保护。

我国的科学家正在研究用 GPS 跟踪装置来保护类似海龟的野生动物的生活不被人类打扰。一些科学家认为动物迁徙变得频繁是因为人类破坏了它们原有的活动空间，所以要想保护这些动物，不仅要进行环境的保护，也要了解动物的活动范围，跟踪它们的行迹。应用 GPS 跟踪后，可以及时提醒人们野生动物正在接近的情况，从而保护这些珍稀海洋动物。

"北斗"卫星导航试验系统

"北斗"卫星导航试验系统(也称"双星定位导航系统")为我国"九五"列项,其工程代号取名为"北斗一号",其方案于1983年提出。2003年5月25日0:34,我国在西昌卫星发射中心用"长征三号甲"运载火箭,成功地将第三颗"北斗一号"卫星送入太空。前两颗卫星分别于2000年10月31日和12月21日发射升空,运行至今导航定位系统工作稳定,状态良好。这次发射的是导航定位系统的备份星,它与前两颗"北斗一号"工作卫星组成了完整的卫星导航定位系统,确保全天候、全天时提供卫星导航信息。这标志着我国成为继美国GPS和俄罗斯的GLONASS后,在世界上第三个建立了完善的卫星导航系统的国家,该系统的建立对我国国防建设和经济建设将起到积极作用。

2007年2月3日,"北斗一号"第四颗卫星发射成功,不仅作为早期三颗卫星的备份,同时还将进行卫星导航定位系统的相关试验。目前,已组成了完整的卫星导航定位系统,确保全天候、全天时提供卫星导航资讯。"北斗一号"是利用地球同步卫星为用户提供快速定位、简短数字报文通信和授时服务的一种全天候、区域性的卫星定位系统。系统由两颗地球静止卫星(80°E和140°E)、一颗在轨备份卫星(110.50°E)、中心控制系统、标校系统和各类用户机等部分组成,其工作频率为2 491.75兆赫,系统能容纳的用户数为每小时540 000户,具有卫星数量少、投资小、用户设备简单价廉等优点,以及能实现一定区域的导航定位、通信等用途,可满足当前我国陆、海、空运输导航定位的需求。

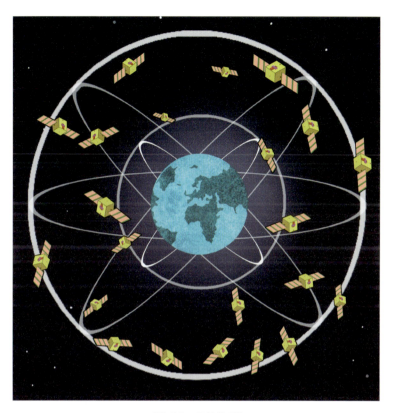

"北斗"卫星导航系统

3 海阔任我行——航海技术

早期航海者的勇敢世人皆知,他们不断通过伟大的创新来弥补旧时代落后的航海技术。

20世纪下半叶,伴随整个科学技术的迅猛发展,航海科学技术的进步日新月异,其重要标志如下:

船舶大型专业化

20世纪60年代,1万载重吨的船就可称为"万吨巨轮",2000年,世界上拥有10万载重吨的超大型油轮数百艘,其中包括3艘50万载重吨的特大型油轮。

过去的海洋运输船舶主要是客船、货船和油船。近20年来,集装箱船、滚装船、液化气船等专业化特种船舶迅速增多,速度30节(1节=1海里/小时)以上的小型高速气垫船、水翼船、水动力船、喷气推进船快速研制并大量投入使用。当前的集装箱船速度为25~30节,大约比过去的普通货船快1倍。

船舶航行自动化

20世纪70年代,计算机在船舶上广泛应用,从船舶在机舱设置集中控制室到出现无人值班机舱和驾驶台对主机遥控遥测,船舶机舱自动化成为趋势。船舶自动化使船舶定员大约减半,降低了营运成本。21世纪,建造的新型船舶基本上都可称之为自动化船舶。船舶自动化从机舱自动化走向了驾驶自动化。

20世纪70年代,研制的自动雷达标绘装置和雷达的结合被称为自动避碰系统,该系统可自动采取和跟踪目标以及自动显示来船的位置、航向、航速、相对运动和碰撞危险数据。20世纪末,开发了船舶自动识别系统,可连续向其他船舶传送船舶自身数据,并可连续接收其他船舶的数据,这有利于减少因船舶识别和避碰决策失误引起的船舶碰撞事故。

原由海员手工记录的航海日志、车钟记录簿等,现正被俗称为船舶"黑匣子"的航行记录仪代替。船上有了航行记录仪，就有利于避免无法收集事故数据或当事人作伪证的情况发生。

　　船舶通信自动化的重要标志是船舶使用了全球海上遇险与安全系统，该系统使用 Inmarsat 和 COAPAS—SARSAT 两种卫星通信系统，它使船与船、船与岸台全方位和全天候即时沟通信息。一旦发生海上事故时，岸上搜救当局及遇难船或其附近船舶能够迅速地获得报警，他们则能以最短的时间参与协调的搜救行动。

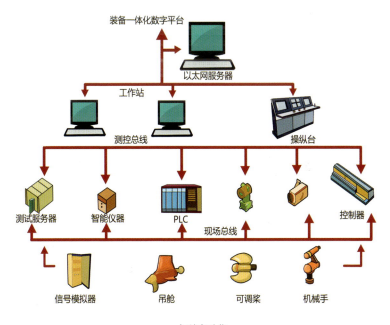

船舶自动化

航海技术电子化

　　无线电导航定位方法经过了无线电测向仪、雷达、罗兰 A、台卡、罗兰 C、卫星导航系统、全球定位系统的发展历程，进入高精度卫星导航定位时代，传统的陆标定位、天文定位方法已成为特殊情况下的补充手段。全球定位系统可在全球范围内全天候为海上、陆上、空中和空间用户提供连续的、高精度的三维定位、速度和时间信息，使船舶、飞机和汽车等运载工具的导航与定位发生了划时代的变革。全球定位系统现已普遍装在船上，成为最主要、最常用、最简便、最准确的导航定位手段。

电子海图显示与信息系统在近十几年研发成功并不断完善，综合了GPS、APPA、AIS等各种现代化的导航设备所获得了信息，成为一种集成式的导航信息系统，大大提高了航行安全和效率，被称为是航海领域的一场技术革命。

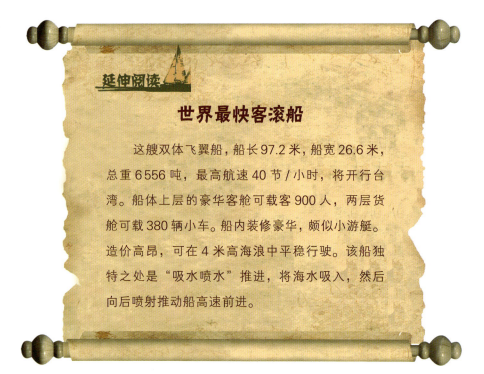

延伸阅读

世界最快客滚船

这艘双体飞翼船，船长97.2米，船宽26.6米，总重6556吨，最高航速40节/小时，将开行台湾。船体上层的豪华客舱可载客900人，两层货舱可载380辆小车。船内装修豪华，颇似小游艇。造价高昂，可在4米高海浪中平稳行驶。该船独特之处是"吸水喷水"推进，将海水吸入，然后向后喷射推动船高速前进。

未来航海技术

在航海技术不断发展的未来,还将会建造海运智能交通系统,利用先进的信息技术、通信技术和网络技术将类似 GPS、APPA、ECDIS、VTS 这些独立的、分散的航海应用系统有机地结合在一起,最终形成一个开放的集查询、控制、管理、决策于一体的综合交通信息系统,从而实现提高交通的安全水平、提高通航能力和航运效率的目的。

4 尽职的观测员
——海洋浮标"三兄弟"

我们都是浮标哦

2012 年 8 月 5 日,第三十届夏季奥林匹克运动会男子 100 米决赛在万众瞩目的"伦敦碗"上演,牙买加运动员"闪电"博尔特以 9 秒 63 的"外星人速度"打破了自己保持的奥运会纪录,成功卫冕 "天下第一飞人"的称号。8 月 6 日,在英格兰西南部多

赛特郡的韦茅斯－波特兰港海面上，中国姑娘徐莉佳上演了"一帆风顺"的好戏，夺得帆船帆板女子激光雷迪尔级比赛的冠军，开创了历史！

田径场上，人们清楚地看到：博尔特沿着既定的跑道，闪电般从起点冲向终点。但在茫茫的海上，又是什么指引着帆船运动员一齐驶向终点的呢？也许细心的观众早就发现，徐莉佳是绕过一个又一个漂浮在海面上的红色"大番茄"而最终取得胜利的，那么这些红色的"大番茄"究竟是什么呢？它们就是浮标！

浮标是具有一定形状、尺寸和颜色的漂浮物体，锚泊在指定的位置，可用作助航标志（航空与航海）、海洋环境监测、系留船舶、海洋工程、救助与打捞等设施，按不同的作用配备不同的设备。由于浮标的作用不同，它的材料、结构、形状各异，因而有很多不同的种类。当我们在珠江口航行的时候，会看到很多红色或者绿色漂浮于海面上的物体，它们是标示航道范围、指示浅滩、碍航物等的水面助航浮标；当我们在茫茫大海中航行看到的一个孤零零、类似航标灯的物体起伏于大海之中，可以为人们提供各种海洋信息，它就是海洋浮标。

海洋浮标是怎样工作的

海洋浮标是一种投放在海洋中的现代化的海洋观测设施，是一类用于承载各类探测海洋和大气传感器的海上平台，是海洋立体监测系统中的重要组成部分。海洋浮标与卫星、飞机、调查船、潜水器及声波探测设备一起，组成了现代海洋环境立体监测系统。它是一个无人海上自动观测站，可在茫茫的大海上进行长期连续观测，具有全天候、全天时稳定可靠地收集海洋环境资料的能力，

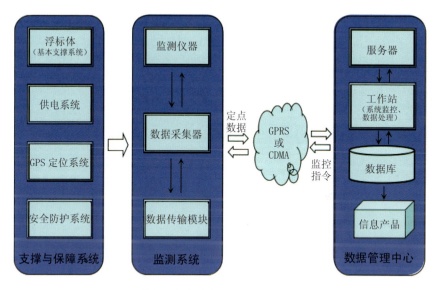

海上浮标自动监测系统工作流程图

并能实现数据的自动采集、自动标示和自动发送。无论是风平浪静还是惊涛骇浪都能坚守工作岗位，为海洋环境预报、航海运输、海洋开发、海洋科学研究等提供准确的海洋环境信息。

海洋浮标，一般分为水上和水下两部分：水上部分装有多种气象要素传感器，测量风速、风向、气压、气温和湿度等数据；水下部分则是装有多种水文、水质和生态要素的传感器，分别测量流速、潮位、水温、盐度、溶解氧、叶绿素、蓝绿藻等数据。

海上浮标监测系统由基本支撑系统（浮标体）、监测仪器系统、数据采集系统、数据传输系统、GPS定位系统、供电系统、数据服务系统、安全防护系统等子系统组成。

其中，浮标体是整个系统的平台，承载系统的所有仪器设备，为仪器设备提供可靠的运行环境和安全防护。

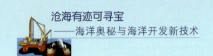

监测仪器是监测浮标的核心组成，根据需要可配备多参数水质监测仪、海洋营养盐在线监测仪、气象监测仪、海流监测仪等。

海洋浮标家族的"三兄弟"

根据浮标在海上所处的位置不同，可分为锚泊浮标、漂流浮标和潜标等，它们各有各的特点和看家本领。

（1）"海上不倒翁"——锚泊浮标

锚泊浮标是将浮标体系留在海上预定的地点，浮标体上的专用测量仪器可以定时、长期、连续、较准确地收集海洋环境参数和气象参数。浮标的下面，系着重重的缆索和锚，使重心保持在水下，再加上海浪产生的振动是上下频率的，使得浮标不会轻易被海浪带走。当然，锚泊浮标也不是纹丝不动的，它还是会受到风力作用，有一定范围的移动，这时就需要卫星定位系统实时报告浮标所处位置。

(2)"随波逐流"的漂流浮标

漂流浮标主要用于大面积海域的海洋环境调查、海-气相互作用研究、大洋环流研究、突发性海洋污染的跟踪及卫星遥感数据的现场校准和真实性检验等方面。著名的全球性海洋浮标观测计划所采用的就是漂流浮标中的一种——拉格朗日剖面观测浮标。

(3)"潜水"的浮标——潜标

潜标是潜伏在水下的浮标。海洋潜标系统由工作船布放,观测仪器在水下进行长时间自动观测并将观测数据存储,达到预定的时间后,由工作船回收到原站位点;回收时是利用水上的信号发射设备向释放器发出指令,释放器释放锚块之后,系统上浮回收。潜标对海洋水下环境进行定点、多参数剖面观测,测量得来的数据也不受海面气象条件影响,自20世纪70年代以来就得到广泛的应用。

漂流浮标

ARGO 计划

ARGO 是英文 "Array for real-time geostrophic oceanography（地球海洋学实时观测阵）"的缩写，通俗称"ARGO 全球海洋观测网"。它是由美国等国家大气、海洋科学家于 1998 年推出的一个全球海洋观测试验项目，旨在长期、自动、实时、准确和大范围地收集全球海洋上层的海水温度、盐度剖面资料，以提高气候预报的精度，有效防御全球日益严重的气候灾害（如飓风、龙卷风、台风、冰雹、洪水和干旱等）给人类造成的威胁，被誉为"海洋观测手段的一场革命"。

按照计划，2000—2005 年参与观测的各个国家，在全球大洋中布放 3 000 个卫星跟踪浮标，共同组成一个全球海洋观测网。每个测点都有一个自持式拉格朗日剖面观测浮标。中国已于 2001 年正式加入国际 ARGO 计划，目前已在西太平洋和东印度洋海域布放 30 多个浮标，组成了中国 ARGO 大洋观测网。

5 海上的移动实验室

海洋调查船

相信很多人都看过宫崎骏著名的动画《哈尔的移动城堡》，剧中的少女被施了魔法，进入了一座带有魔法的移动城堡，她和不能与人相恋但懂魔法的哈尔，谱出了一段战地恋曲，并且和城堡里的其他人一起想办法解开身上的魔咒。在这里我们要介绍的也是一个类似于"移动城堡"的大家伙，它在海上移动，可以"边走边干"，进行各项科学考察工作——这就是海洋调查船。

海洋调查船是专门从事海洋调查的船只，是海洋调查的基本运载工具，基本任务是运载海洋科学研究人员，亲临特定海域现场，运用专门的仪器设备对海洋进行现场观测、样品采集和科学研究等。

海洋调查船按其调查任务可分为综合调查船、专业调查船和特种调查船等。

综合调查船的仪器设备具有可系统地观测和采集海洋水文、气象、物理、化学、生物和地质等基本资料和样品的能力，并具有进行数据整理分析、样品鉴定和初步综合研究等工作的技术手段和条件。

专业调查船通常只承担某一分支学科的调查任务，常见的有地质调查船、海洋测量船、渔业调查船等。

特种调查船是依据专门任务建造的结构特殊的调查船，常见的有极地考察船、航天用远洋测量船等。

功勋卓著"雪龙"号

"雪龙"号原是由乌克兰赫尔松船厂于 1993 年建造的一艘破冰船,我国购进后改造成为极地科考运输船。南极考察委员会第一任主任武衡将这艘船命名为"雪龙"号,其中"龙"代表中国,"雪"意味着极地的冰雪世界。"雪龙"号是我国目前最大的极地科考船,也是我国唯一能在极地破冰前行的船只。

"雪龙"号属 A2 级破冰船,总排水量为 21 025 吨,船长 167 米,宽 22.6 米,满载吃水 9 米,最大续航能力为 20 000 海里,最大航速 18 节,抗风能力为 12 级以上,能以 2 节的速度连续破 1.2 米厚的冰(含 20 厘米厚的雪),核定成员为 120 人。实验室面积 500 多米^2,可进行多学科海洋调查;多功能学术报告厅 150 米^2,可满足科考队员在船上进行学术交流的要求;船上有商务中心、图书馆、医院、游泳池、健身房等设施;拥有先进的通导、定位、自动驾驶、机舱自动化控制系统和科考调查设备;拥有能容纳 2 架大型直升机起降平台、机库及配套系统。

"雪龙"号

"雪龙"号上的雄鹰

1994—1995年,南极夏季"雪龙"号开始服役中国极地考察,执行中国第11次南极考察。"雪龙"号已先后圆满完成了15次南极科学考察和4次北极科学考察任务,航迹遍布各大洋,安全航行28万多海里,32次成功穿越西风带,破坚冰200多海里,浮冰区航行3万多海里,最北航行到北纬85°25′,最南航行到南纬70°21′,创下了中国航海史上多项新的纪录,先后获得大量的荣誉称号,为探索极地科学、弘扬民族精神和维护国家权益作出了突出的贡献。

2012年11月5日,伴着汽笛长鸣声,"雪龙"号从广州南沙汽车码头(沙仔岛)出发驶往南极,执行中国第29次南极科学考察任务。"雪龙"号此次载着40多位科学家专门进行大洋环境的综合考察,这是历史上开展大洋科学考察人数最多的一次南极科学考察,并开展第4个南极考察站的选址调研工作。

"科学"号

海洋科考之旗舰"科学"号

"科学"号是我国目前最先进的海洋科学综合考察船,也是世界上最先进的海洋科学考察船之一,它将是中国未来10～20年海洋科学考察的旗舰船。2012年9月29日,"科学"号在青岛正式交付使用,标志着我国海洋科学考察能力实现新的突破,迈入国际先进行列。"科学"号是完全由我国自主设计建造的国家重大科技基础设施建设项目海洋科学综合考察船。

"科学"号于2010年开工建设,总投资5.5亿元人民币。"科学"号核定总吨位为4 711吨,总长99.80米,宽17.80米,深8.90米;续航力15 000海里,自持力60天,最大航速15节,载员80人。

作为旗舰船,"科学"号配备了七大船载科学探测与实验系统,包括水体探测系统、大气探测系统、海底探测系统、深海极端环境探测系统、遥感信息现场印证系统、船载实验系统、船载网络系统。搭载了高精度星站差分GPS定位导航系统、全海深多波束测深系统、多道数字地震系统、缆控水下机器人、电视抓斗等多种国际先进的探测设备,具备高精度长周期的动力环境、地质环境、生态环境和生物、化学等综合海洋观测、调查能力,能够满足现代海洋科学多学科交叉研究需求,是名符其实的"海上移动实验室"。

海洋科考之"实验1号、实验2号、实验3号"

地处广州的中国科学院南海海洋研究所拥有"实验1号""实验2号"和"实验3号"3艘大型海洋科学考察船。

"实验3号"综合海洋调查船1980年由上海沪东造船厂建造,总长104.21米,宽13.74米,吃水4.95米,满载排水量3 243.35吨,最大航速19.5节,续航能力8 000海里,主机(柴油机)2×4 800马力(1马力=735.499瓦),定员94人。

"实验3号"科学考察船拥有先进的导航定位系统、避碰装置、马克Ⅲ温盐深探测系统、拖曳体系统、多瓶采水系统、海洋光学多参数测量仪、极谱仪、万米测深仪、956方向波浪浮标、波浪骑士、浮游生物采集器、水下电视系统、底栖生物拖网等海洋综合调查仪器设备。该船承担了"曾母暗沙——中国南疆综合调查""南沙群岛及其邻近海区综合科学调查"各项综合海洋调查任务及国家908专项"我国近海海洋综合调查与评价项目"等任务。

"实验2号"为1 100吨级地球物理考察船,1979年由广州造船厂建造,船长68.45米,船宽10米,吃水3.65米,双主机2×1 100马力,可调螺距桨,最大航速11.5节,续航力5 000海里,定员70人。该船拥有先进的DGPS差分定位系统、多波束地貌仪、风浪自动补偿测深系统、反射和折射地震探测系统、电火花阵列装置、海洋重力、海洋磁力、旁侧声呐、浅地层剖面仪等调查设备,主要用于海洋油气、矿产资源开发等有关的地质、地球物理和海洋工程环境与井场、管线工程调查。

实验1号

2009年入列中国科学院南海海洋研究所的"实验1号"是我国第一艘3 000吨级大型小水线面双体船,也是我国第一艘小水线面综合科学考察船。其小水线面双体的船型、交流变频电力推进的动力系统、全船减振降噪、全船自动化、动力定位等功能,无论是在船舶设计还是在船舶建造方面,都具有标志性意义和技术引领作用。该科学考察船还具有优异的耐波性、良好的安静性、出色的操纵性、宽敞的实验室与甲板等诸多适合科学考察的特点,因而成为我国目前最先进的第一艘小水线面双体综合科学考察船。可在近海及远洋进行水声、海洋物理、地质、生物、海洋和大气环境等多学科、交叉学科的科学考察。该船2012年获批成为"国家海上遥感验证工作站"。

"实验1号"的入列,将为海上观测与研究提供更为先进的共享流动平台,为我国海洋科学事业发展与社会经济建设谱写新的篇章!

七　保护蓝色家园

小故事

鳕鱼战争

在浩瀚的海洋中，有许多股"暖流"和"寒流"，其中影响最大的当属大西洋赤道暖流，它与墨西哥湾暖流汇合后流入墨西哥湾，然后沿着北美洲大陆架向北流，在西经45°海域一分为三，其中较强劲的一股称为"北大西洋暖流"，向着东北方向一直到达北大西洋，它的到来，使北大西洋地区海域的渔业资源特别丰富。冰岛周围是一个广阔的渔场，许多鱼群都洄游经过这片渔场，特别是人们喜爱的名贵鳕鱼，更是把冰岛渔场当成了自家的"后花园"，因此各国船队对冰岛渔场趋之若鹜。而英国和德国的渔船长期以来就一直在这里捕鱼。1958年，在领海宽度应当是多少的问题还没有解决的时候，当时冰岛就宣布了12海里专属经济区，取代原来的4海里专属渔区。这引起了英国和德国的不满，并导致了他们与冰岛之间的剧烈冲突，因此被称为"鳕鱼战争"。

之后的10多年间，英国与冰岛之间的矛盾不断加深。与此同时，欧共体和法国、意大利、德国等国家在两个国家之间进行调停，但英国坚持毫不让步。

1976年2月，欧共体公开宣布欧洲各国的专属经济权利均限定在200海里。在这种情况下，英国不得不于1976年9月1日与冰岛签约承认冰岛200海里的专属经济权利。至此，冰岛终于在这场"鳕鱼战争"中取得了胜利。

这场渔业纠纷也说明,时代的发展使国家对海洋经济利益更加关注了。

1 还我碧海

哭泣的海洋

韩国有一部影片名叫《汉江怪物》，讲述了某个化学实验室违规向汉江中倒入大量化学试剂，导致汉江水质受到污染，水中生物发生了变异。几年后的一天，这个变异的怪物跃出水面攻击了周边的人群。一个小女孩被怪物掳走，她的家人在营救她的过程中发生了惊心动魄的事情。虽然在故事的结尾，怪物被消灭了，小女孩也救回来了。但这部片子给我们的启示是震撼的，如果我们不爱惜我们的海洋，继续污染我们的海洋，也许未来某天，故事终变事实。

人类活动产生的污染物含有大量的氮和磷，排入海中为藻类提供了充足的养料，刺激这些海藻的疯狂生长，将海水中的氧气消耗殆尽，导致海中形成了一些"低氧区"和"缺氧区"，使鱼、虾、贝类甚至海草缺乏氧气而死亡，因此这些区域也被称为"死亡区"。

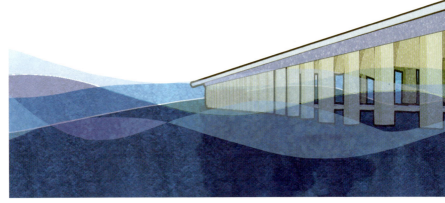

20 世纪 70 年代以来,全球"死亡区"的数量和面积一直在扩大。1994 年,全球海洋共有 149 个"死亡区",2006 年"死亡区"已达 200 个。早期发现的"死亡区"在美国东北的大西洋海岸、波罗的海、卡提加特湾、黑海和亚得里亚海东北部。最新的一些"死亡区"出现在南美、中国、日本、澳大利亚、新西兰等地区和国家的沿海,其中中国两大河流长江和黄河的港湾就是"死亡区"。

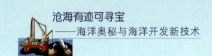

沧海有迹可寻宝
——海洋奥秘与海洋开发新技术

海洋渔业资源环境形势严峻

广东是中国的海洋大省，2012年海洋经济总量突破1万亿元，连续18年居全国第一。然而，随着经济发展和人口增长，工业化、城市化的不断推进，海洋环境污染、过度捕捞以及乱围、乱填、乱采等问题带来严重后果，广东省的海洋渔业资源环境面临着严峻的形势。

七 保护蓝色家园

广东湛江徐闻灯楼角海岸边，生长着我国大陆架最大、最完整、最美丽的珊瑚礁群，是海洋生物重要的栖息地和难得的旅游资源。然而多年来，当地村民"靠海吃海"，争相采挖珊瑚用以建屋、砌墙、烧石灰成风，使这具有数万年历史、生长缓慢（一年只生长1~2厘米）的珊瑚群受损严重。

在珠江口，每天数十条采沙船不分昼夜滥挖河沙，致使曾经有名的珠江口渔场出现局部海域荒漠化，名贵的黄皮头鱼、鲷鱼等鱼种已不复见。这里还曾是广东省唯一的中国对虾的亲虾产卵场，

现在已被破坏殆尽,渔民只有望江兴叹。

目前,广东水生动植物的栖息地正以惊人的速度消失,几乎所有的鱼、虾、蟹、贝的产卵场、索饵场、越冬场和洄游通道被不同程度地破坏,其中近half 80%的面积萎缩,一些甚至已经消失,华南沿岸传统的甲子、汕尾、万山、清澜、昌化、北部湾六大渔汛已不复存在。广东原有的 70 多种珊瑚、30 多种名贵鱼类,以及江豚、海龟、儒艮、鲎等众多的品种由于没有得到有效保护,从普通变成濒危,一些品种已在广东消失。为了不让我们的子孙后代只能在博物馆里看到鱼类标本,保护海洋、拯救海洋迫在眉睫!

拯救海洋

面对海洋环境的恶化,不少沿海国家和地区相继建立起各种类型的海洋保护区。通过海洋保护区能完整地保存自然环境和自然资源的本来面貌,保护、恢复、发展、引种、繁殖生物资源,保存生物物种的多样性,消除和减少人为的不利影响。因此,海洋保护区的兴起,为人类保护海洋环境及其资源开辟了新的途径。

我国的海洋保护区建设,最早可追溯到 1963 年在渤海海域划定的蛇岛自然保护区。1990 年,建立了昌黎黄金海岸、山口红树林生态、大洲岛海洋生态、三亚珊瑚礁以及南麂列岛五处海洋自然保护区。1992 年,又建立了福建晋江深沪湾海底森林遗迹保护区和天津古海岸保护区。与此同时,沿海省市有关部门还建立了多个地方级海洋保护区。

2011 年,广州从化唐鱼保护区获批成为广州首个市级海洋与渔业类自然保护区。到 2015 年,广州将在南沙打造一个占地 2 500 公顷的国家级海洋生态自然保护区。

唐　鱼

　　唐鱼学名"林氏细鲫",又名白云山鱼、金丝鱼。为我国特有种,分布区窄,近代仅分布于广州白云山、花都以及附近的山溪中,故有"广州市鱼"的称谓。

　　唐鱼颜色艳丽、味道鲜美,由于本身繁殖力不强(雌亲鱼一次只产数十枚卵),种群小,个体数量稀少,自古被视为珍品。近年来,由于人类活动,严重破坏了生态环境,目前野生种群已经绝迹,属于濒危物种。

沧海有迹可寻宝
——海洋奥秘与海洋开发新技术

人类活动正在使海洋世界付出可怕的代价，世界上的每个人都有义务保护海洋环境，认真管理海洋资源。为此，2008年的联合国大会上通过决议，决定自2009年起，每年的6月8日为"世界海洋日"。联合国希望世界各国都能借此机会关注人类赖以生存的海洋，体味海洋自身所蕴含的丰富价值，同时也审视全球性污染和鱼类资源过度消耗等问题给海洋环境和海洋生物带来的不利影响。

在中国，2008年开始启动"海洋宣传日"活动，时间定于每年的7月18日，目的在于通过连续性、大规模、多角度的宣传，以全民参与的社会活动为载体，以媒体宣传报道为介质，构建海洋意识宣传平台，主动传播海洋知识，深刻挖掘海洋文化，引导舆论关注海洋问题热点，促进全社会认识海洋、关注海洋、善待海洋和可持续开发利用海洋，显著提高全民族的海洋意识。

延伸阅读

2007年6月1日，三亚成立了全国首家以海洋环保为主题的民间公益社会团体——蓝丝带海洋保护协会。协会是以海洋环境保护为主题，宣传贯彻海洋环境保护政策法规，提高全民海洋保护意识，建立相关海洋保护举措，组建志愿者队伍，促进海洋保护科研为工作目标。协会自成立以来，组织开展了一系列以海洋环保为主题的活动，如2008年的蓝丝带海洋环保海南行、2009—2010年三亚海岸线徒步环保调查、2010年长江校友蓝丝带海洋环保中国行等。

2 给海洋做美容

垃圾不留，海洋自由

在阿根廷海岸上，发现了一只死去的年轻海龟，在它的肚子里有数百块彩色塑料碎片。那是海龟误把塑料袋当成它最喜欢的食物——水母吃进肚子里造成的。塑料碎片可使海龟的器官穿孔，进而造成致命的内部伤害；也会阻塞海龟消化道，导致其死于缓慢而痛苦的饥饿过程。有生物学家对海中的绿海龟进行检查，发现75%的海龟吞食了塑料碎片。

塑料垃圾不仅对海洋生物造成危害，还可能威胁航行安全。废弃塑料会缠住船只的螺旋桨，引起事故和停驶。目前，全世界每天免费发放的一次性塑料袋多达10亿个，其中每1 000个中就有3个被丢到海洋里。这是多么可怕的数字，然而，塑料还不是海洋中唯一的垃圾。

除了塑料，还有橡胶、木头、金属、纸、皮革、玻璃和陶瓷等，这些看似再平常不过的生活和工业废品都可能成为海洋垃圾的来源。实际上，我们所消耗的每一件物品都有可能流入大海，随着风和洋流的运动，这些海洋垃圾随波逐流"到处留情"，从海面到海底，从北到南，从西到东，无所不在。

海洋垃圾究竟有多少，我们无法统计。但仅是太平洋上的海洋垃圾就有300多万千米^2，超过了印度的国土面积，在太平洋上形成了一个面积有美国得克萨斯州那么大的以塑料为主的"太平洋垃圾岛"。大西洋、印度洋等海洋也有与"太平洋垃圾岛"相似的巨大的海上"垃圾岛"。

消除油污，洁净海洋

据统计，每年通过各种渠道泄入海洋的石油和石油产品，约占全世界石油总产量的0.5%，倾注到海洋的石油量有200~1000万吨，由于航运而排入海洋的石油污染物有160~200万吨，其中1/3左右是油轮在海上发生事故导致石油泄漏造成的。我国海上各种溢油事故每年约发生500起，沿海地区海水含油量已超过国家规定的海水水质标准2~8倍，海洋石油污染十分严重。

石油污染会逐渐让相关海域成为一片"死亡区"。油污覆盖在海面之后，阳光难以入射到海水中，导致海洋植物不能正常地进行光合作用而死亡。海洋植物死亡了，就无法产生氧气，同时海面油污也导致海洋上空的氧气不能溶入海水中。当仅存的氧气也逐渐被消耗掉之后，海水中的鱼、虾、蟹等小动物便因缺氧而逐渐死亡，而那些靠小动物为生的海洋动物或海鸟也会因缺少食物而被饿死。

石油污染还可能危害人类健康。如果人们食用了受石油污染的水产品，可能出现急性中毒或慢性中毒的症状，水产品中的芳香烃类有机物还可能导致食用者患上难以治疗的癌症。正因为石油污染会让水产品累积毒素，漏油事故发生之后，政府会划定一定的海域，在一定期限内禁止渔民在该海域内捕捞和养殖，带来的经济损失非常巨大。

3 对抗"海上猛兽"

突如其来的海啸

古希腊亚历山大大帝在征服东方后，打算走海路返回希腊，他带领着军队抵达海岸时，才发现他的马其顿舰队已被一场神秘的海浪吞没。这个神秘的海浪就是由于近海海底发生地震引发的海啸，这是历史上首次记载的有关海啸的事件。

2011年3月11日北京时间13：47，日本外海发生令地球科学家震惊的大型海底地震，其地震强度高达芮氏9.0。该地震随即引发强烈海啸，并在10分钟左右即抵达日本福岛县，并在仙台县、岩手县引起高达10米之恐怖巨浪。海啸波甚至往南传递到东京市，并在台场、池袋等人潮众多之购物区造成多处失火，以及幼童众多之东京迪斯尼乐园与海洋世界造成土壤液化等严重问题。高速铁路新干线与捷运系统皆停驶，造成交通中断。仙台机场甚至完

全被海啸摧毁，仅机场高楼层部分残留于海啸洪水中。

海啸属于自然灾害，人类要避免几乎很难，但若能了解海啸前的预兆，做好预防措施就可及早逃生，远离灾害现场。

地震是海啸最明显的前兆，如果感觉到较强的震动，要尽量

远离海边，海啸有时会在地震发生几小时后到达离震源上千千米远的地方。

　　海啸登陆前海面往往忽然迅速后退，鱼、虾、蟹、贝等海洋生物在裸露的海滩上挣扎。遇到这种情况，应立刻撤离到内陆地势较高的地方。

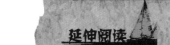

普吉岛的海啸

2004年12月26日，印度洋海啸来临当天，10岁的英国小女孩缇丽正与父母在泰国普吉岛海滩享受假期。就在海啸到来前的几分钟，缇丽的脸上突然露出惊恐之色。她跑过去对母亲说："妈妈，我们必须离开海滩，我想海啸即将来临！"她说看见海滩上起了很多泡泡，然后浪就突然打了过来。这正是地理老师曾经描述过的有关地震引发海啸的最初情形。老师还说过，从海水渐渐上涨到海啸袭来，这中间有10分钟左右的时间。

起初，在场的成年人对小女孩的预见都是半信半疑，但缇丽坚持请求大家离开。她的警告如星火燎原般在海滩上传开，几分钟内游客已全部撤离沙滩。当这几百名游客跑到安全地带时，身后已传来了巨大的海浪声，海啸真的来了！

当天，这个海滩是普吉岛海岸上唯一没有死伤的地点，这个10岁小女孩用她学到的知识创造了生命的奇迹。

来势汹汹的风暴潮

我国是易受台风袭击的国家,几乎每隔三四年就会发生一次特大的风暴潮灾害。1922年8月2日,一次强台风风暴潮袭击广东汕头地区,造成特大风暴潮灾害,有7万余人丧生,无数的人流离失所。这是20世纪以来,我国死亡人数最多的一次风暴潮灾害。1956年8月2日,正值朔望大潮期间,在浙江杭州湾引发特大风暴潮,在乍浦站测得最大增水值达4.57米,创全球风暴潮的最大增水值记录。1990年4月5日,发生在渤海的一次温带风暴潮,海水涌入内陆近30千米,为新中国成立以来渤海沿岸最大的一次潮灾。

广东海岸线长,居全国首位。平均每年登陆广东的台风达4个,同样居全国首位,所造成的灾害也极为严重。近年来的台风"黑格比""凡亚比"引起的风暴潮,造成的直接经济损失均达60亿元以上。2003年以来,广东通过实施城乡水利防灾减灾工程建设,77宗重要海堤达到20~50年的防潮标准。但全省至今仍然有相当部分的海堤堤身单薄、超高不足、基础渗漏、涵闸失修,防洪潮能力偏低。

2011年9月,广东省政府出台了千里海堤加固达标工程建设方案,计划投入90亿元,用5年时间加固达标1 500千米海堤。

4 信息化海洋

走进信息化时代

当前世界正在经历一场革命性的变化,人类社会正由工业时代向信息化时代过渡。信息已经成为社会的组成部分，成为人们生活的一部分，当然也是社会经济发展的重要组成部分。网络社交平台、社交技术、信息获取渠道、信息存储方式、信息使用模式等无不成为人们生活和社会运行的基本方式。

2012年11月8日，中国共产党第十八次全国代表大会在北京胜利召开。胡锦涛总书记在会上所作的报告中，有19处表述提及信息、信息化、信息网络、信息技术与信息安全。更明确地把"信息化水平大幅提升"纳入全面建成小康社会的目标之一，并提出了走中国特色的新型工业化、信息化、城镇化、农业现代化道路，促进这"四化"同步发展。这充分反映了在我国进入全面建成小康社会的决定性阶段，党中央对信息化的高度重视和认识的进一步深化。信息化本身已不再只是一种手段，而成为发展的目标和路径。

海洋也要信息化

海洋信息化工作是国家海洋经济发展的需求和国家海洋管理的需要，它不仅是推动我国海洋管理科学化和现代化的重要手段，也是实施我国海洋可持续发展战略的可靠信息保障和技术支撑。

海洋信息化是在国家信息化统一规划和组织下，逐步建立起由海洋信息源、信息传输与服务网络、信息技术、信息标准与政策、信息管理机制、信息人才等构成的国家海洋信息化体系；利用日趋成熟的海洋信息采集技术、管理技术、处理分析技术、产品制作和服务技术等，建立以海洋信息应用为驱动的海洋信息流通体系和更新体系，使海洋信息的采集、处理、管理和服务业务走向一条健康、顺畅、正规的发展道路，逐步实现国家海洋信息资源的科学化管理与应用。

七 保护蓝色家园

中国数字海洋

2009年,我国发布了"iocean中国数字海洋公众版"(www.iocean.net.cn)信息服务系统,这是我国正式发布的首个"数字海洋"公众服务系统。

该系统运用了"三维地球球体表达技术",与目前广为流行的"谷歌地球"一样,但是有关专家认为,与"谷歌地球"相比,这一系统为海洋的数字化、透明化和可视化表达提供了崭新的海洋信息立体展现形式,尤其是对我国近海海洋状况具有较强的针对性,更加贴近国内公众需求。

比"谷歌地球"更为贴近公众的是,数字海洋系统共分为数字海底、数字水体、海洋资源、海洋预报、海上军事、海洋科普、探访极地大洋和虚拟海洋馆等子系统,子系统内连接了实景图片、

视频来对海洋进行介绍,甚至公众还能在这里查到每天的海滨浴场气温、海浪等情况,为公众在夏季旅游提供服务。

智慧广州,智慧海洋

为有效缓解"城市病",广州市将用5年时间构建"智慧广州"框架,2020年基本形成智慧广州体系,城市智慧化程度达到国内领先水平。

广州作为海上丝绸之路始发港,是我国对外开放和对外贸易的一个象征,逾千年没有间断过。可以说广州是靠海发展起来,并通过海洋走向世界的。广州是海洋城市,海洋管理是广州市城市管理的重要组成部分。因此,依托于广州市智能化城市管理与运行体系的建设,利用新一代遥测、遥感、视频、物联网、GIS/GPS技术建立广州海洋全方位、立体式的在线监视监测网,不断地提升广州市海洋管理的效率和水平,实现海洋生态和生产环境保护、海洋资源开发利用、海洋安全保障的智能化精细管理,最终实现智慧海洋、生态海洋、环境海洋、经济海洋。

5 神圣的海洋权益

海洋——延伸的"蓝色国土"

早在2500多年以前的春秋战国时期,中国就建立了第一支古代海军即舟师。当时位于东海和南海之滨的楚、吴、越三国,便以舟船在水面展开了角逐。春秋之后,中国海军更是南北征战、江海称雄。强大的海军舰队,保证了秦汉的发达、唐宋的繁荣和大明的富强。

沧海有迹可寻宝
——海洋奥秘与海洋开发新技术

500年前,哥伦布横渡大西洋第一个到达美洲大陆,为人类开启了海洋时代的序幕。黑格尔说,大海邀请人类从事征服和贸易。可是,太平洋邀请来的郑和船队——曾七下西洋,足迹遍于东南亚和南亚,又横渡印度洋,航程远达阿拉伯和东非海岸——却成了历史绝唱!接下来,从海上来的英国人用大炮和鸦片敲开了中国的大门,继而日本人、美国人、法国人、俄国人……接踵而至,100年间,帝国主义的坚船利炮就入侵我沿海470余次,从辽东半岛到广东沿海,18 000千米长的海岸线俱遭蹂躏,香港、台湾相继沦丧,沿海贸易权、航海权甚至领海及内河主权亦纷纷落入他国之手。

拥有几千年文明史的中华民族何曾受过这样的屈辱?也许这世界上再也没有哪个民族像中华民族一样对蔚蓝色的海洋有如此深刻的记忆!

1982年,《联合国海洋法公约》通过,人类从此进入了海洋革命的新时代!当今世界,海洋变得身价百倍!海洋可以为工业发展提供所需的资源,可以为人类提供丰富的食粮和宽广舒适的生存空间。20世纪下半叶,全世界范围内兴起了一轮"蓝色圈地运动",超过1亿千米^{2}的海域成为各沿海国家的管辖海域,从此海洋成为不断延伸的"蓝色国土"。

当今时代,需要我们转变国土观念,加强"寸海寸金"的海洋国土观教育,让全民都增强海洋意识,都来关心我们蓝色的海洋国土。

中国的未来在海洋

位于太平洋西岸的中国海区四海贯通,南北纵长,地跨温带、亚热带和热带,海域地理位置适中,蕴藏着丰富的自然资源,具有得天独厚的海洋开发条件。在长达18 000千米的大陆岸线和14 000千米长的岛屿岸线上,大量航班开往世界上150多个国家的数百个港口,承担着我国对外贸易中90%以上的运输任务。

在我国管辖的约300万千米^{2}的海域上,蕴藏着丰富的自然资源。海洋生物物种繁多,海洋石油、天然气、滨海沙矿等资源储量以及海洋可再生能源蕴藏量可观。我国近海大陆架面积极为广阔,有100多万千米^2。其中,60%以上为油气盆地,其石油储量堪与波斯湾媲美。

沿海地区更是中国的黄金海岸和对外开放的窗口，这个面积仅占全国陆地面积15%的地区，却居住着占全国44%的人口，它所创造的产值已占全国工农业总产值的一半以上。

有人说，中国是一个海洋大国，因为她拥有延绵万里的海疆和数百万平方千米的海域，不仅在太平洋海岸位居第一，在全世界也是名列前茅。然而，当我们用13亿人口一平均，又把我国推向贫海国的行列。

我国是陆地和海洋大国的同时，又是贫陆国和贫海国，我们没有理由困守陆地去坐吃山空，更没有理由慷海洋之慨，去挥霍无度。21世纪是海洋的世纪，世界的未来在海洋，中国的未来在海洋，我们要像珍惜每一寸土地一样地珍惜着我们的海洋和岛礁。

"年轻有为"的三沙市

"一半是水，一半是鱼。"

"白天拖钓，晚上沉底钓，海狼鱼、剑鱼、章红鱼，太多了！"

"鱼太多了，基本上用什么钓法都可以钓到鱼，钓到最后都不想钓了……"钓鱼爱好者如是说。

这个钓鱼人心中梦寐以求的天堂在哪里呢？就是中国目前最年轻的地级市——三沙市，拥有"中国的马尔代夫"美誉的中国地理纬度位置最南端的城市。

2012年6月21日，国务院正式批准撤销海南省西沙群岛、南沙群岛、中沙群岛办事处，将以前设立的县级三沙市升格为地级市，人民政府驻西沙永兴岛（永兴岛是西沙群岛、南沙群岛、中沙群岛中最大的岛屿，面积约2.13千米^2）。

2012年7月19日，中央军委批复广州军区，同意组建"中国人民解放军海南省三沙警备区"。

2012年7月24日，海南省三沙市成立大会暨揭牌仪式在三沙市驻地永兴岛举行。

至此，由国务院新批准设立的地级市——三沙市，下辖西沙、中沙、南沙诸群岛，涉及岛屿面积13千米^2（我国南海的黄岩岛就属于中沙群岛），海域面积200多万千米^2，人口600余人，是中国领土最南端的地级市，也是我国最年轻、陆地面积最小、管辖总面积最大、人口最少的地级市。

三沙市包括260多个岛、礁、沙滩，散布在南海上，东西相距900千米^2，南北长达1 800千米^2，岛屿面积13千米^2，海域面积200多万千米^2。三沙市属热带海洋性气候，全年无冬季，气候暖热，湿润多雨。

地级三沙市的设立，是中国对海南省西沙群岛、中沙群岛、南沙群岛的岛礁及其海域行政管理体制的调整和完善。设立三沙市有利于进一步加强中国对西沙群岛、中沙群岛、南沙群岛的岛礁及其海域的行政管理和开发建设，保护南海海洋环境。

联合国海洋法公约

1958—1973年，联合国召开了3次国际海洋法会议，并于1982年4月30日通过了《联合国海洋法公约》（以下简称《公约》）。《公约》规定，自第60个批准书或加入书交存之日起12个月后生效。尽管由于《公约》中的某些条款未能达到一些西方发达国家的预期，影响了其生效和执行，但当1993年11月16日乌拉圭交存了《公约》的第60份批准书，使《公约》于12个月后，即1994年11月16日正式生效，使其成为当今世界最具有普遍性和影响力的国际多边

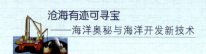

协定。中国于 1996 年 5 月 15 日批准《公约》，是世界上第 93 个批准《公约》的国家。

《公约》总共分 1 个序言，17 个部分，有 320 条，还有 9 个附件。主要规定了领海和毗连区，用于国际航行的海峡、群岛国、专属经济区、大陆架、公海等一系列重要的原则、规则和制度，并就海洋的开发、利用和保护作了规定。

作为人类历史上第一部全面的、最具有普遍性的海洋公典，《公约》是海洋法发展历史上重要的里程碑，虽然还有某些不足之处，但《公约》的生效推动了海洋法的大发展，标志着世界海洋新秩序的建立。

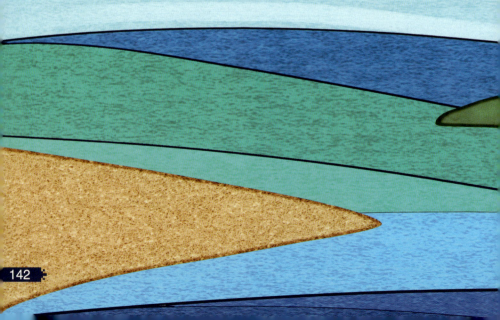

七 保护蓝色家园

毗 连 区

1982年,《联合国海洋法公约》第33条规定：沿海国毗连其领海的区域称为毗连区，其宽度从测算领海宽度的基线量起，不得超过24海里。

《中华人民共和国领海及毗连区法》第4条也规定：中华人民共和国毗连区为领海以外邻接领海的一带海域。毗连区的宽度为12海里。中华人民共和国毗连区的外部界限为一条其每一点与领海基线的最近点距离等于24海里的线。

依照《联合国海洋法公约》，毗连区的法律地位和领海不同，沿海国对毗连区不享有主权，只在毗连区行使某些方面的管制权，而且国家对毗连区的管辖也不包括其上空。濒海国对毗连区享有管辖的权力，这种管辖权大致可分为以下4个方面，即海关、财政、移民和卫生，有些国家还强调对毗连区的安全进行管制。

专属经济区

专属经济区是在领海以外并与领海相邻接的一带海域,它的宽度从领海基线量起不应超过200海里。专属经济区是受国家管辖和支配的海域,沿海国对自己专属经济区内的生物及非生物资源享有所有权,有勘探开发、养护和管理的主权权利,并在其他一些方面享有管辖权。其他国家未经同意不得擅自开发区内的生物资源,如经沿海国许可进入,则应遵守沿海国制定的法律、法规和规章。

《中华人民共和国专属经济区和大陆架法》第2条规定:中华人民共和国的专属经济区,为中华人民共和国领海以外并邻接领海的区域,从测算领海宽度的基线量起延至200海里。

专属经济区的确定对广大第三世界国家来说,无疑是一件大好事,因为它可以保护沿海国200海里内的资源不被外国所掠夺,并且可以自由开发和利用海域内的一切资源。它使占世界海域总面积额36%的广阔海域处于各沿海国的管辖之下,世界一些重要海域和海峡大都被包括在专属经济区之内,这无疑限制了海洋大国的海上自由权和海洋开发权,大大影响了发达国家的经济利益。

大 陆 架

大陆架是近海的海底区域。1982年制定的《联合国海洋法公约》中规定，沿海国的大陆架包括陆地领土的全部自然延伸，其范围扩展到大陆边缘的海底区域。如果从测算领海宽度的基线（领海基线）起，自然的大陆架宽度不足200海里，通常可扩展到200海里，或扩展至2500米水深处（二者取小）；如果自然的大陆架超过200海里而不足350海里，则自然的大陆架与法律上的大陆架重合；自然的大陆架超过350海里，则法律的大陆架最多扩展到350海里。大陆架这一海底区域蕴藏着丰富的资源，称为自然资源的宝库再恰当不过了。

大陆架是近海的海底，而专属经济区主要是指近海的水域。大陆架的上覆水域大部分属于专属经济区，但是从范围上严格地来说并不完全一致，专属经济区的外部界限是离领海基线200海里的一条线。而大陆架的外部界限有可能超过离领海基线200海里的位置，甚至可以到达350海里的位置。